U0295747

我是
可持续发展
教授

诸大建　著

上海三联书店

目　录

交通、生产与消费四个方面实现经济社会发展与资源环境消耗的脱钩；可持续性管理是面向可持续发展的管理现代化，需要社会管理、组织管理、个人管理的全面转型。

本书从一个可持续发展研究者的视角看世界发展和中国发展，回顾过去30年的研究历程和研究感悟，希望这些感悟对展望未来10—15年的发展有帮助、有用处。国际上，联合国2030议程即SDGs（2016—2030年），要推进世界各国努力实现以可持续发展为导向的新型全球化。在国内，中国2035年战略（2021—2035），要上一个台阶全面建设社会主义现代化国家。我预感，中国未来15年会在世界可持续发展的理论和实践中起到越来越多的引领作用。

1

从墨尔本开始学术转型：001—100

“你是怎么开始感兴趣研究可持续发展的?”碰到有人问这个问题，我总要提到墨尔本。在墨尔本的访学经历改变了我的学术轨迹，回国后转型成了可持续发展研究者。

001—010：墨尔本的感悟

001）“你是怎么开始感兴趣研究可持续发展的?”有人问起这个问题，我会提到1995年经历的三件事。第一个是1994—1995年到墨尔本大学做了一年访问学者，得知指导墨尔本城市发展的思想是可持续发展，由此萌发了研究兴趣。出去的时候我的学术领域是科学技术研究（Science and Technology Studies，即STS），回国后转型成了可持续发展研究者。

002）多年来，墨尔本都是联合国人居署认可的世界上的宜居城市。每天清晨走在去墨尔本大学的路上，我有一种惬意的感觉。工作时间，我一般从住所走着去学校，一路上东张西望看看市井风俗，不想走了就跳上古色古香的有轨电车换口味。到了周末，我会从城市中心放射状延伸的有轨电车或市郊铁路中选择一条线，到尽头的海边或郊区小镇放飞心情。

003）我想知道墨尔本城市发展的背后理论是什么。有一天，跑到政府主管部门找答案，那里有许多政府文件是公开的，于是抱回来一堆资料研读。发现墨尔本的城市发展非常重视战略研究，知道墨尔本在用可持续发展新理念做面向21世纪的城市战略规划。直到现在，这些20多年前从澳大利亚带回来的资料仍然在我家里的书堆中保存着。

004）从墨尔本的城市发展战略，我第一次看到了可持续发展经典的三圈图，即发展要兼顾经济、社会、环境三个方面。墨尔本制定城市发展战略通常不设定经济增长目标，他们认为如果经济增长影响了生态环境，倒过来用经济收益去治理环境是划不来的。多年后，看到世界银行的国家综合资本评估，说澳大利亚的竞争力更多来自自然资本和人力资本。

005）墨尔本21世纪城市发展战略把可持续发展要求的经济、社会、环境三重底线，转化成了以吸引人为目标的发展思路：经济方面突出可投资性，社会层面突出可居住性，环境方面突出可休闲性。建设可持续发展导向的宜居城市，是要通过可就业性吸引投资者，通过可居住性吸引居住者，通过可休闲性吸引旅游者。

006）那时候我常常对着发展规划看日常生活，体会墨尔本的宜居、宜业、宜游怎么样。来到墨尔本的第一周，住在合作导师介绍的公寓里，每周租费220澳元，当时国家给高级访问学者的每月生活费是800澳元。后来我在学校招贴板上找到了每周45澳元的新住处，从中体会到为什么宜居城市需要强调affordable housing。

007）周末我出去打零工找体验，到唐人街中餐馆洗盘子，参加医学院的科学试验，做志愿者帮学校写信封，等等。最有趣也是时间最长的，是给一个收集旧报纸给顾客提供纪念信息的老板打下手。我发现这生意有创意，用旧报纸创造了附加值。回国后讲课聊天经常提及，几年后国内也有人搞起了类似的创业活动和循环经济。

008）一个长周末，办公室的澳洲同事驾车到山沟里的住所去度假，邀我同行。沿路在海边游泳，吃英式fish and chips和甜甜圈，晚上住在旧房车里……墨尔本周边有很好的文化设施和生态环境，这些惬意设施对创意阶级有吸引力。在周末和休息的日子里，我或者一个人坐地铁，或者随澳洲同事，或者随新认识的当地朋友，逛遍了墨尔本周边许多有意思的地方。

009）本来我出国做访问学者，第一志愿是去美国，但是去美国的人多，要排队等指标。我知道墨尔本大学的Homer教授研究科学哲学和科学史，用大陆漂移和板块学说等现代地学革命案例研究科学范式的变迁。我与之联系，很快得到反馈，非常高兴我去做访问研究。于是我放弃美国来了墨尔本，但是没有想到由此给自己带来了学术生涯中的重大转型。

010）我对可持续发展有兴趣不是一时兴起。1990 年以来我参加市里的理论讨论，开始写发展研究文章，咀嚼邓小平“发展是硬道理”的内涵。出国前不知道中国政府在 1992 年联合国里约会议之后已经在研制国家层面的 21 世纪议程。我庆幸的是，从墨尔本城市发展理解了可持续发展的概念及其意义，而中国把可持续发展纳入发展规划是从 1995 年开始的。

011—020：发展范式在变革

011）可持续发展，可以回答什么样的发展是硬道理这样的大问题。在大格局上把问题想通了，1995 年从澳大利亚一回国，我就充满激情撰写了第一篇有关可持续发展的论文，年内在《自然辩证法研究》刊出。当时在国内，虽然政府文件已经提到了可持续发展，但是学术界的理论研究和深入讨论还很少，这篇文章得到了关注和引用。

012）当时国内有简单地把可持续发展等同于环境保护的看法，而不是一种新的发展模式，这与我在墨尔本得到的体验不一样。的确，环境问题是可持续发展的缘起，但是可持续发展恰恰是要超越环境问题，倡导一种包含三个方面的更具有一般性的发展理念，是国际上环境与发展思想正反合的升华，是发展观从追求高速度增长走向高质量发展的结晶。

诸大建（1995）：可持续发展概念从人与自然关系的优化出发，指出了三个方面层层递进的可持续性，即自然的可持续性、经济的可持续性、社会的可持续性。自然可持续性指维持健康的自然过程，保护自然环境的生产潜力和功能，维持其自然秩序；经济可持续性指保证经济的稳定增长，使环境和经济具有明显的经济内涵；社会可持续性指长期满足社会的基本需要，保证同代人之间、异代人之间在资源和收入上的公平分配。①

013）世界上对环境与发展关系的认识有三步曲，这可以对中国理解什么样的发展是硬道理提供重要启示：二战以后各国开始强调经济增长，随之出现了环境问题；1960—1970年代环境主义崛起，人们以为环境与发展是鱼和熊掌不能兼得；1980—1990年代开始的可持续发展运动倡导两者之间的平衡与整合，强调要从经济社会发展的源头防范环境问题。

014）世界上的环保主义缘起于1962年美国科学家Carson写的小书《寂静的春天》（1962），高峰是1972年联合国在斯德哥尔摩举行世界环境会议。从那时起，联合国有了环境署，各国有了环保局。那时候中国处在“文革”的热潮中，我在浙江农村插队当知青，根本不知道这些事情。当时国内的普遍看法是环境问题主要是西方资本主义社会的问题。

① 诸大建，关于可持续发展的几个理论问题．自然辩证法研究，1995，11（12）：28—31，50.

《科学革命的结构》(1962）一书中提出的范式迁移理论解读现代地学革命。现在觉得从发展观念和范式变革的角度理解可持续发展，正是我做研究喜欢的方式。我内在的范式思维和综合研究偏好由此激发出来，开始享受走第三种道路的乐趣，觉得可持续发展是我想做和我能做的事情。

《科学革命的结构》，T. S. 库恩（T. S. Kuhn，1922—1996）著，1962 年出版。从科学史的视角探讨常规科学和科学革命的本质，提出了范式理论以及不可通约性、学术共同体、常规科学、科学危机等概念，提出了科学革命是世界观的转变等观点，揭示了科学革命的结构，开创了科学哲学和科学史研究的新时期。该书的范式变迁思想对许多研究领域产生了影响。

诸大建（1990）：科学革命的实质是科学观念的变革，这是客观存在着的历史事实，但是也有内在的理论依据。在由科学事实、科学理论、科学观念三个基本要素组成的科学知识大厦中，科学观念居于最高层次，它代表着一个时代科学思想的精华，它为理论活动和实践活动提供了基本准则和框架，因此只有这种比较稳定的科学观念发生根本变革才具有重要意义，才构成了科学革命。而处于其下层次的、比较易变的科学理论由于其意义不能与之相提并论，因此它们的变化不能认为是革命。①

---

① 诸大建，从板块学说看科学革命的若干问题．自然辩证法通讯，1990，12（1）：13—17.

019）从那个时候开始，我越来越觉得国内加强发展研究（Development Studies）的重要性，特别是要理解“发展是硬道理”的双重意义。一方面，相对于“文革”时期的“以阶级斗争为中心”，发展是硬道理是中国发展范式的历史性的自我变革。另一方面，发展是硬道理的未来指向，是要超越单纯的经济建设为中心，走向更加包含性和全面性的新发展模式。

020）这几年大家碰到我，说从循环经济到共享经济到碳达峰碳中和，从城市要以人为中心到城市合作治理，我搞的东西总是很有用，问我有什么套路。其实我哪里有什么先见之明知道现在如何用，但是研究世界发展理念与实践的演进，我相信中国发展的实践也符合生物重演律，我的幸运也许是较早看到了大趋势。

021—030：谁来养活中国人

021）引起我对可持续发展感兴趣的第二件事是，1994—1995 年美国的可持续发展研究者布朗发表研究报告《谁来养活中国》（Who will feed China），欧美许多报刊用头条位置予以报道，引起中国和世界的震动。《华盛顿邮报》更以“中国将如何使世界挨饿”（How China could starve the World）大标题吸引眼球。布朗自己说，这是他所写的文章中最引起关注的文章和报告。

L. 布朗（L. Brown），1934 年生。农业经济专家和可持续发展研究者，因为研究中国粮食问题广为人知。1955 年获罗特格斯大学农业科学学士，1959 年获马里兰大学农业经济硕士，1962 年获哈佛大学公共管理硕士。1959 年任职美国农业部国际农业局。1974 年创办世界观察研究所，2001 年创建地球政策研究所，2003 年起出版《B 模式》系列书。

022）这篇研究报告使我对可持续发展的关注，一下子从基本概念问题进入到与中国发展有关的重大实际问题。布朗文章的要点是，到 2030 年中国的粮食需求是 6.41 亿吨，中国的粮食生产是 2.72 亿吨，缺口 3.69 亿吨。缺口需要从世界进口。但是全球当前的粮食出口总量只有 2 亿吨，如何能够解决中国十几亿人的吃饭问题？

023）布朗有关中国粮食存在严重缺口的判断是这样计算的。需求方面，中国从 1990 年到 2030 年人均粮食消费将从 300 kg 增长到 400 kg，人口增加到 16 亿，粮食总需求将是 6.41 亿吨。供给方面，因为工业化和城市化导致粮食播种面积减少，同时土地生产率不可能大幅增加，因此粮食生产能力将从 1990 年的 3.4 亿吨下降至 2030 年的 2.72 亿吨。

024）布朗文章发表的 1994 年，正好碰到中国粮食从完全自给到开始进口。有人说，布朗是在故意制造中国粮食威胁论。我开始也这么想，但是仔细看他的文章觉得不像。后来与布朗有了交集，了解到农业研究是他的看家本领，发现他其实是一个纯粹的研究者，与政治派别没有什么联系。他在美国国会论证会上曾经发言支持中国的计划生育政策。

025）其实，布朗提出的中国粮食的需求增加是存在的，这是中国发展特别是人口增加和消费水平提高的必然结果。但是布朗有关中国粮食生产将大幅度衰减的判断却是夸张的和错误的。现在我们看到中国粮食产量已经持续多年超过6亿吨，进口虽然从1990年600万吨增长到了将近1亿吨，但是中国饭碗始终牢牢掌握在我们自己的手中。

026）后来中国领导人接见布朗交换了意见。布朗在他2013年出版的自传中说，“2006年温家宝总理会见我，说的第一句话是你的书对我们非常有帮助”。现在看来，布朗文章的积极意义不是在于指出中国粮食问题实际有的风险，而是从外部人的角度提醒中国发展要特别重视农业，促使中国决策层把粮食安全看作中国可持续发展的头等大事。

027）如果墨尔本城市发展使我看到了可持续发展作为发展理论和发展战略的一般意义，那么布朗提出的粮食问题使我看到了可持续发展对于中国未来发展的现实重要性。中国环境与发展的许多问题都可以像粮食问题那样进行分析。在最初的几年里，我做可持续发展方面的演讲经常用粮食问题作为切入点，很快引起了人们的兴趣、思考和讨论。

028）我自己也对如何更好地解决中国粮食问题写文章发表过意见。例如从供给侧，我非常同意18亿亩耕地是红线的政策，认为中国城市化发展绝对要考虑保障大米、小麦、玉米等粮食播种面积。认为按照人均 400 kg 的消费水平和按照亩产 300 kg 的底线，中国 14 亿人有 18 亿亩耕地打底是必须的。我同意中国城市化只能走土地节约的紧凑城市道路。

029）在消费侧，我同意中国人的生活水平提高导致人均粮食消费量的提高是正常的，我关心的问题是中国人在达到人均 400 kg 这个意大利人的消费水平之后，要不要进一步向美国的人均 800 kg 迈进。中国人的消费创新要有一种用较少的粮食消耗达到足够的营养水平的模式，例如在肉类消费中用低粮食密集的鱼、鸡等白肉替代高粮食密集的牛羊猪等红肉。

030）从中国粮食问题，我感悟到了可持续发展研究的某种真谛，经济、社会、环境三者不是简单的组合，而是要追求经济社会发展与资源环境消耗的脱钩。例如在粮食案例中，城市发展要与土地消耗实现脱钩，营养提高要与粮食消耗实现脱钩。后来研究中国可持续发展问题，“绿色脱钩发展”成为我的中心概念和研究方法。

031—040：21 世纪议程上海行动计划

031）第三件事情对我搞可持续发展有助推意义，是从澳洲回国后第一时间参加了上海市政府的可持续发展规划研究。中国推进可持续发展的重要行动是编制专项发展规划，1995 年上海作为示范城市需要研制 21 世纪议程地方行动计划。我被邀请参加研讨，会议上的发言被认为对可持续发展是有研究的，于是请我做课题对如何编写规划提出设想。

《21世纪议程》(Agenda 21)：1992年里约联合国环境与发展大会通过的主要文件。指出人类在资源环境保护与经济社会发展之间应作出的选择，提供了21世纪的行动蓝图，涉及与可持续发展有关的所有领域。里约会议之后，中国于1994年发布了国家层面的21世纪议程，并要求有条件的省市制定21世纪议程地方行动计划。

032）中国搞五年发展计划是老手，编制可持续发展行动计划却是摸着石子过河的新事情。当时大家都不知道编出来的东西应该是什么样子。我搜罗信息，了解到美国西雅图编制的可持续发展规划和相关指标被国际上认可为范例，便写信给西雅图市政府，掏钱买到一份规划文本，从中看到一些做法可以转化后用于上海。

033）现在回想起来，搞政策研究就是这样开始的。如果写学术文章的重点是研究为什么的问题，那么做政策研究的重点是研究怎么做的问题。搞可持续发展战略规划，要把经济、社会、环境三大内容自上而下分解到具体领域，确立分层次的任务与指标。我参照西雅图模板进行树状分解，提出了上海可持续发展应该关注的行动领域和能力建设。

034）可持续发展战略规划需要有管理指标，我借鉴欧盟搞可持续发展发明的PSR方法（Pressure-State-Response），提出了上海可持续发展的指标体系框架：首先是状态性指标，表示现在状况怎么样；然后是驱动力指标，表示影响因素是什么；最后是反应性指标，表示用什么政策。从那时开始，PSR 成为我进行政策分析的基本功。

035）后来参加国际会议搞到一本新鲜出炉的韩国首尔可持续发展计划。首尔的可持续发展战略编制有创新，既有国际范，又有本土化，体现可持续发展强调的“全球性思考，地方性行动”，所谓全球地方化（Glocal）。我觉得首尔作为东亚的全球城市案例对上海发展有对照意义，上海研究可持续发展需要形成自己的特色。

036）钻进去了之后，我觉得可持续发展导向的政策研究可以有管理学的逻辑。例如首尔可持续发展报告的写法，每个领域均有三步曲的结构。一是现在在哪里，用指标说明现在的状况和问题是什么；二是要到哪里去，用指标说明规划期的目标是什么；三是如何去哪里，政府、企业、社会各个主体应该围绕目标做什么事情。

037）那个时候国内的政策文件，常常让人感到有行动要求、无行为主体。首尔的可持续发展计划，每个领域都从政府、企业、公民三种主体规定了操作性的措施。我从中得到启发，建议在上海可持续发展战略规划中采用类似的写法，行动举措要与责任主体相关联，还为此写学术论文进行探讨。现在看来，我搞可持续发展强调合作治理就是从那时开始的。

038）又有一次参加国际会议，弄到地方可持续发展国际理事会（ICLEI）编制的一本地方21世纪议程计划编制指南，其中既有一步一步的操作步骤，又有世界上的最佳实践案例。我如获至宝，针对上海和中国的情况进行改造。后来成为看家本领，用它指导研究可持续发展规划许多年。多年后我被邀请在ICLEI双年会上作报告，交流了从事城市可持续发展研究的体会。

诸大建（2000）：国际社会有关地方21世纪议程的动态为上海高起点地实施可持续发展战略提供了重要的信息。落实到《上海行动计划》编制，就是在理念上要充分反映国际上对可持续发展战略和地方21世纪议程的内涵要求，在体例上要尽可能遵循国际上对编制地方21世纪议程的规范性做法。《上海行动计划》应该是一个既具有上海特点又符合国际规范的真正体现可持续发展精神的文本，为此我们认为在选择内容和确定框架中要注意把握下列要点：1.《上海行动计划》应该确实反映有可持续发展意义的重要问题；2.《上海行动计划》应该强调上海可持续发展的目标是实现以经济发展为带动机制的社会全面发展；3. 用总体战略、发展领域、能力建设三个板块构成《上海行动计划》的框架体系；4.《上海行动计划》的方案领域要真正体现由"行动依据—改进目标—行动对策"组成的逻辑思路和表达格式。①

① 诸大建，探讨地方可持续发展的规划编制和体制建设——以《中国21世纪议程—上海行动计划》编制为例．城市规划汇刊，2000，130（6）：25—26，23.

039）搞可持续发展，如果政府自上而下决定多，自下而上利益相关者参与少，实施中难免发生这样那样的利益冲突和邻避事件。ICLEI 指南强调，可持续发展导向的决策要从政府独角戏变成社会接力赛，提供了不少公众参与的方法和案例。我从中学到了如何把自上而下与自下而上结合起来的一些做法和最佳实践，提出了一些参与式的规划设想。

040）21 世纪议程上海行动计划出版后得到了好评，被认为有一套可以与国际对话的规划框架和做法。我从头到尾参与其中“干中学”，获得了参与政府可持续发展政策研究的第一手体验。多年后我把这方面的理论感悟写成论文和著作，针对公共管理研究中传统的精英型政策分析模式，提出了新的面向可持续发展的对象—主体—过程模式。

041—050：花了三年时间练武功

041）以前给理工科博士生讲课，我曾经说大话，我说有科学哲学和科学方法论方面的训练，搞新东西上手可以相对快一些，学习曲线可以短一些。现在我自己转型搞可持续发展，需要对说过的话作检验。澳大利亚访学回来后的三年左右时间，我开始围绕可持续发展的基本问题，埋头读书、写作和思考，看看自己能否从边缘走向中心。

042）可持续发展对谁都是新东西。最初做可持续发展研究的人多来自环境领域和地学领域，我虽然是地学出身，但现在对从宏观经济与管理的角度研究可持续发展更感兴趣。我研读布伦特兰报告《我们共同的未来》等经典文献，照例从 what、why、how 入手梳理进入新领域要搞懂的基本问题。记得当时在学校图书馆找到这本书，上面有层灰。

043）在为什么需要可持续发展的问题上，我觉得“可持续发展”五个字可以分解成可持续与发展两个部分，每个部分都有两种情况，于是可以形成四个象限，即可持续 + 发展、可持续 + 不发展、不可持续 + 发展、不可持续 + 不发展。其中，可持续表示资源环境承载能力可以接受，发展表示经济社会福利增长。

044）于是开始清晰地看到，以往的发展常常是一种可持续与发展相分裂的路径，即从不可持续不发展出发，先是要发展不要可持续，然后是要可持续牺牲发展，经过上上下下的磨难和波动，终于发现可持续加发展才是正确轨道。研究可持续发展就是要避免这样的传统发展模式，走出跨越式的新发展道路。

045）在什么是可持续发展问题上，把发展系统进一步分解为经济增长和社会发展两个相对独立的子系统，可以发现可持续发展研究的环境与发展问题，实际上是经济、社会、环境三个系统的协调平衡问题。其中，社会分配对于解决环境与发展问题具有独立的作用，所以印度甘地在 1972 年的斯德哥尔摩会议上要说“贫穷是最大的污染”。

046）在怎么做问题上，我结合参与 21 世纪议程上海行动计划编制的感悟，对照研读当时可以收集到的有关可持续发展的理论文献与规划案例，觉得可以提炼出目标分析（要到哪里去）、问题分析（现在去哪里）、行动分析（如何去那里）的基本套路。后来发现这样的套路可以用到许多有关可持续发展的政策研究和政策咨询中去。

047）我对如何成为合格的专业研究人士向来有自我约束和自我要求。一是要能够在研究领域写出有竞争力的课题申请书，获得项目资助；二是能够在业内有影响的同行评议杂志稳定发表论文；三是能够被邀请在本领域的学术会议做有吸引力的 presentation。搞可持续发展，我当然把以上三点看作自己是否有资格做这方面研究的准入门槛。

048）三年下来开始有了收获。在申报课题方面，拿到了有竞争性的国家纵向课题。1990 年代前期，做研究能够拿到省部级和国家级课题的人还不多。我以前研究科学革命在校内较早拿到国家哲学社会科学基金资助，现在研究可持续发展在校内第一个拿到了教育部的哲学社会科学课题。

049）在论文发表方面，原来研究科学哲学与科学史，追求在《哲学研究》、《自然辩证法研究》等杂志发文章；现在研究可持续发展，开始在《中国人口资源与环境》等杂志发文章。发表的论文获得了省部级优秀成果奖，被人大复印报刊资料全文转载多了起来，同行和非同行的引用率大大超过了以前的研究。

050）3 年之后，觉得在可持续发展方面拿课题发论文的能力开始具备，我淡出了原来的科学哲学与科学史研究。后来我说，这段时间是摸着石头过河经受一次可持续发展研究的博士训练。这为后来做可持续发展研究不断深化提供了一种范例，我养成了习惯，隔一段时间碰到重要的问题，都要停下脚步读书思考整修一番再上路。

051—060：3I 分析与三圈理论

051）我对转型搞可持续发展，事先事后用自己的 3 个 I 的原则作过分析和判断。第一个 I 是 Interest，对新领域的激情是否超过了现在的领域；第二个 I 是 Insight，对新领域能否有前瞻性的预见和与众不同的理论感悟；第三个 I 是 Insistence，对新领域是心血来潮还是会有持久力。我觉得三个 I 是我转型研究可持续发展的元判据。

052）首先是 interest。有趣和好玩，一直是我做研究关注新领域的第一推动力。大学学地学是被动选择，先结婚后恋爱，后来发现板块学说很可爱，是因为这个理论像诗一样假想地球上的大陆最初是合在一起的，是板块分裂把它们弄成了现在的面貌；考研究生搞科学哲学，是我主动选择，因为喜欢库恩的科学范式理论，库恩说科学范式不是累进的，相互之间不可通约。

053）现在觉得研究可持续发展有许多引人入胜的问题。例如，传统经济的物质流是线性导向的，在高经济产出的时候伴随着高资源消耗，可持续发展畅想从牛仔经济变为宇宙飞船经济可以控制经济增长的物质流；例如，城市化历来有人口高密度好还是低密度好的争论，可持续发展提出了紧凑城市的解决方案；例如，面对市场失灵或政府失灵，可持续发展要用合作治理方式解决双重失灵；等等。

054）研究可持续发展最刺激想象力的，是在地球物理极限与经济社会发展之间保持必要的张力，要探索没有物质规模无限增长的经济社会繁荣。这是传统增长主义和传统环境主义都不能想象的。增长主义主张社会繁荣，但是资源环境消耗超越地球极限还在不断增长；环境主义要求减少物质消耗，但是常常以降低生活质量和舒适感为代价。

055）其次是 insight。我发现研究可持续发展有作出理论贡献的机会。以前研究第三次浪潮，我曾经把科技进步与体制安排整合成为两个半球的理论，用来解释西方发展与中国发展的差异，业内外觉得有新意有解释力。现在我觉得可以把两个半球的理论引入到可持续发展的研究中，分别讨论经济增长与人类发展、环境与发展、发展与治理等方面的问题。

056）可持续发展研究具有跨学科性，我觉得以前的那些训练好像都是在为现在的转型作铺垫作准备。有地球科学经历，使我对人与自然的关系有基本的理解，思考问题可以兼顾物理上的物质流与经济上的价值流；有科学哲学训练，可以判断新领域处于什么样的发展阶段，收敛性思维与发散性思维应该如何保持张力；有管理学和公共政策的训练，可以有理论有套路地解决可持续发展的实际问题。

057）再次是 insistence。我觉得做事情起跑点很重要，转折点更重要。人生碰到重要的转折点，开始时候要冷静观察，一旦想通了就要黏性十足。我搞学术做研究不喜欢做天亮了才鸡叫的事情，而是要能够在恰到好处的时候去鸡叫，把冷门做成热门。我直觉可持续发展这样的理念符合世界和中国的发展趋势，日后会有日益增长的学术需求和社会需求。

058）研究新东西如何做到长期主义，有过十多年的研究经历后，我有自己的三段论原则。在别人没有注意甚至有抵抗的时候，要有远见地进行引入；在形成热潮的时候，要有逆向思维的冷思考；在由新变老人们新鲜感失落的时候，要做正反合的版本升级工作。我不觉得搞可持续发展时间长了会出现审美疲劳。

059）我做事情有长性，不管工作还是生活，认准了的事情常常能够至少坚持十年不动摇，不管同行的人多还是少。我每天走路是这样，风吹雨打不间断，已经坚持 20 多年。写博客微博发微信，也是这样，一旦开始写，不管心情好坏都要写。我感觉搞可持续发展是自己学术人生的最后选择，只会不断深入，不会更换山头。

060）2005 年到哈佛做高级研究学者，听到肯尼迪学院的教授有个判断问题的三圈理论，说干事情在三圈相交的面上才能成功。一个圈是要我做，这是外部有需求；第二个圈是我想做，自己有激情；第三个圈是我能做，自己有能力。如果三个圈中缺一圈，或者三圈没有交集，就会事倍功半。我觉得自己研究可持续发展正好落在三圈相交的区间里。

061—070：巴斯德型研究

061）搞可持续发展最有意思的是做学问有实用价值，但我最初的时候思想有过困惑。以前做科学哲学和科学史方面的研究从理论到理论，以拿基金课题、发学术论文为导向；现在搞可持续发展，做理论研究的同时给政府做咨询多了，写政策性文章多了。我吃不准脚踏两条船，搞实务研究多了，会不会影响理论研究？

062）后来读到哈佛肯尼迪学院 Clark 教授的文章，说可持续发展研究是巴斯德型研究。他引用普林斯顿大学 Stokes 教授的著作《基础科学与技术创新：巴斯德象限》（1997）说，做研究按理论探究和面向用户两个维度可以分成四类：除了一般性的畅想无理论性和无实用性，从理论到理论不考虑用户的是波尔型研究，从实务到实务不探究原因的是爱迪生型研究，而巴斯德型研究是有融合性的用户导向的理论研究。

《基础科学与技术创新：巴斯德象限》，D. E. 司托克斯（D. E. Stokes）著，1997 年出版。作者以大量历史资料和现实情况说明，对于基础科学与技术创新的关系，对于科学与政府的关系，最重要的是要关注巴斯德象限即由应用引起的基础研究，对此要有相关的政策支持、项目投资和社会评价，而不应该也不可能从传统的线性模式出发。

W. C. 克拉克（W. C. Clark），1949 年生。哈佛大学肯尼迪学院国际科学、公共政策和人类发展讲席教授。1971 年获耶鲁大学理学士学位，1979 年获英属哥伦比亚大学生态学博士学位。1987 年起在哈佛大学肯尼迪学院任教，2006 年任可持续性科学项目共同主任。2002 年当选美国科学院院士，是最早提出可持续性科学概念的学者之一。

063）读了 Stokes 和 Clark 的看法，我头脑中有关可持续发展研究的困惑解开了，从本体论到认识论方法论，一直到价值论，逐渐有了研究可持续发展的自信和原则。本体论是要做顶天立地的战略型研究者和思想者。顶天，是从实际问题向上探究解释性理论，做 why 型研究；立地，是从理论模型向下寻找解决实际问题的可行方案，做 how 型研究。

064）搞可持续发展做 why 型研究，不同于学院派的传统纯理论研究。后者从理论到理论，问题主要来自学术内部；前者从实际到理论，问题主要来自外部社会。转型以后更多地从现实问题出发提炼学术问题，不管是同行评议杂志发论文，还是参加学术会议做报告，自我感觉提出的思想比原来的书斋式研究接了更多地气。

065）搞可持续发展做 how 研究，不同于政府部门的就政策谈政策，而是要有机理分析地做政策研究。不是对社会问题随便发议论谈感想，而是有理论有因果关系地解问题。这样一来我觉得做政策研究也可以做出相当的理论含量。给政府讨论政策问题，我不担心政府研究部门已经有应对方案，因为我试图提出因果结合的有新意的政策建议。

066）本体论要有方法论支撑，我的方法论原则是在研究21世纪议程上海行动计划中学到的PSR方法。其中，State，要搞清状况是什么，回答what问题；Pressure，要探索原因提出理论机制，回答why问题；Response，要提供解决问题的方法，有治标治本之道。用PSR研究可持续发展，对学术同行要重在理论创新，对政府官员要重在政策创新。

067）将PSR方法用于可持续发展理论研究，我发展了"三个有"的论文构想和写作之道。有问题，是从实践中提炼出有理论含量的问题，转化为要研究的假说；有方法，是将假说操作化，表达为有可检验性的概念关系；有数据，是用系统的实证数据和案例检验假说，将结果与问题进行比对。

068）对咨询研究，我也有"三个有"的套路，即有现状、有目标、有路径。有现状，是要知道现在在哪里，以及为什么在这里；有目标，是要知道应该到哪里去，以及为什么去那里是好的；有路径，是要知道如何去那里，以及为什么去那里有可行性。用这些套路武装，我参与决策咨询逐渐变得老练起来。

069）与以上本体论和方法论相适应，我研究可持续发展的价值论原则是读世界书、知中国事、说自己话。读世界书，是高大上的理论维度，搞研究要讲世界听得懂的有通用性的语言；知中国事，是接地气的实务维度，做学术要谙熟中国情景；说自己话，是当学者的创新维度，落笔写学术论文，开口做政策咨询，一看就有自己的东西。

070）我感觉搞可持续发展明显提高了学术影响力和社会影响力。走出学校去讲课是放电讨论社会问题，回到学校去上课是充电讨论理论问题。写中文文章是讨论中国发展问题，写英文文章是讨论基础理论问题。多年之后，有名气更大的学校希望引进我去做相关领域的特聘教授或首席专家，一个重要理由是说他们需要巴斯德型的研究人才。

071—080：二维矩阵和 C 模式思维

071）有人说我研究可持续发展有套路有软实力，我想这大概是做研究我有中轴原理和元方法，它们是基于二维矩阵的 C 模式思维。研究管理学，我经常读《哈佛商业评论》，喜欢他们一以贯之的二维矩阵方法。二维矩阵用两个维度组成四个象限，A 维度有高和低之分，B 维度有高和低之分，C 模式思维是要寻找双高的解决方案即高 A 和高 B 的交集。

072）二维矩阵思维背后的管理思想，是德鲁克强调的两个 E。一个是 do right things 即做事情有效益（effectiveness），另一个是 do things right 即做事情有效率（efficiency），好的管理既要有效果又要有效率，即 do right things right。因此有二维矩阵思维，就不会偏执于某种极端。我觉得这样的思维很符合可持续发展的精神，也符合我自己的追求。

P. F. 德鲁克（P. F. Drucker，1909—2005）。现代管理学之父，现在的许多管理学概念如目标管理等都来源于德鲁克。先后在奥地利和德国接受教育，1929 年在伦敦任新闻记者和国际银行的经济学家。1931 年获法兰克福大学法学博士。1937 年移民美国，1971 年后任教于克莱蒙特大学管理研究生院。2002 年获美国总统自由勋章。

073）2003 年看到布朗写的《B 模式》(2002）一书。把传统的不要环境的经济增长和发展称之为 A 模式，把修复环境影响的发展称之为 B 模式，我觉得其实这是环境库兹涅茨曲线的前半段和后半段。中国后发国家要跨越，关键是一开始就要有环境与发展整合思维。在不突破环境承载能力的条件下实现发展，因此马上想到了中国发展 C 模式。

074）其实中国发展 C 模式背后的方法就是二维矩阵思维，即遇到悖论的时候总是要有 C 模式思维或柯维所说的第三种选择。“可持续发展”五个字可以分解成发展与可持续两个方面，每个方面有肯定与否定选项，于是有不可持续的发展、不可持续的不发展、可持续的不发展、可持续的发展四种可能。研究可持续发展是要做发展与可持续的C模式整合。

《第3选择：解决所有难题的关键思维》，S. R. 柯维（S. R. Covey，1932—2012）著，2013年出版。这本书是柯维去世前写的最后一本书，他把之前提出的高效能人士的7个习惯浓缩成一件事，那就是随时随地能够做出“第3选择”。柯维认为“第3选择”可以用来解决生活中最为困难的那些问题，用于个人管理、组织管理、社会管理之中。

075）我做可持续发展研究就是寻找一系列C模式解决方案的集合。我自己感兴趣研究的“一总三分”领域，包括可持续性科学、绿色经济、城市发展绩效、公私合作治理等，每一个都是在用C模式思维解决特殊的研究问题。C模式思维是我的助发现工具，每次都可以用这个工具发现一些有意思的东西，享受思想融合的快乐。

076）研究可持续性科学，在自然资本与物质资本关系问题上，新古典经济学的弱可持续性强调两者可以替代，生态经济学的强可持续性强调两者不可替代。我的看法相对温柔一些，是可变的替代性。两者相对充裕的时候主要是可替代性，走向稀缺的时候主要是不可替代性。当然有些关键的自然资本一开始就具有不可替代性，例如自然资本的生态调节功能。

077）研究循环经济和低碳经济，我推崇产品服务系统和分享经济概念，认为是可持续性经济的高级表现形式，真正实现了可持续发展要求的环境与发展整合。产品服务系统是把产品和服务融合起来的 C 模式，由此可以创造产品即服务的各种新生活方式（Product as a Service，即 PaaS），例如交通出行中以共享汽车和共享单车为代表的出行即服务（Mobility as a Service，即 MaaS）。

078）评价城市是否可持续发展，我不认为基于完全替代思维的简单加总方法是合适的，指出不能用一秀遮百丑的方式评价城市可持续发展的绩效。我基于 C 模式思维提出生态福利绩效的概念和评估方法，指出可持续发展的城市要有两个门槛线，一方面要在发展上进入人类发展的高水平，另一方面要在生态上低于生态足迹的平均线。

079）研究基础设施和公共服务的合作生产，我觉得 PPP 面向可持续发展需要进行四个整合。一是要整合经济性基础设施和社会性基础设施形成 XOD 的集群性 PPP；二是要融合政府支付和消费者支付两种形式；三是要把管理上的技术价值和公共服务的人文价值相整合；四是在理论维度要整合传统公共行政与新公共管理成为新公共服务和治理。

080）研究可持续发展，二维矩阵和 C 模式思维在我心中具有元假说地位，可以用于不同的问题、不同的环境、不同的空间、不同的时间，像万花筒一样生成各种有趣的推断和假说。之所以研究可持续发展那么多年没有审美疲劳，常常有新鲜感，有黏性又有激情，我的说法是二维矩阵和 C 模式思维是致胜的思想泉源。

081—090：参加里约 +20 会议有快感

081）2012 年我应邀参加联合国里约 +20 可持续发展峰会和金砖国家绿色经济研讨会，在里约前前后后待了十多天。会议空隙漫步里约海滩，联想 20 年来的经历和收获，突然想到研究可持续发展有满满的成就感。以前我说当教授做研究有乐趣，现在我说当教授研究可持续发展是快乐的 N 次方，体会到什么是积极心理学所说有意义的快乐才是真幸福。

082）可持续发展研究的外部意义感，很大程度来自中国五位一体发展观念在与其相向而行。随着中国发展的深化，两者之间进行对话、相互影响的地方越来越多。一方面，可以用可持续发展深化中国的发展理念和发展实践，推进高质量发展；另一方面，中国发展实践和发展政策的深入和创新，可以对发展可持续性科学的理论作出贡献。

083）了解世界上 1972 年以来有关可持续发展的思想演变，对研究中国发展具有生物重演律式的指导意义。在环境与发展问题上，中国从 1992 年起将可持续发展纳入发展政策，发展思想经历了三个发展阶段的演进，开始的时候还是强调环境问题事后治理，然后发力在经济增长中降低资源环境消耗，现在认识到需要用资源环境总量或峰值优化经济社会发展。

084）在更广泛的发展理论上，中国的五位一体建设与可持续发展的四个支柱有对应关系。经济建设对应经济支柱，社会建设和文化建设对应社会支柱，生态文明建设对应环境支柱，政治建设对应治理支柱。中国 2035 年建设现代化的目标强调“富强、民主、文明、和谐、美丽”十个字，与可持续发展理念和联合国提出的全球可持续发展目标即 SDGs 有厚重的交集。

085）出去开会作报告，一些学者说我研究可持续发展与中国发展强相关。对此我确实有自信。2012 年里约 +20 会议，国际上的地球行星边界概念好不容易使得强可持续性的思想开始主流化。而中国在这方面已经走在前列，2012 年以来中国生态文明强调用生态红线优化发展，是对强可持续发展观强有力的支持。

086）国际上的可持续发展战略通常把文化建设放在社会支柱之中，中国的五位一体把文化建设单列出来，这为国际可持续发展理论与实践的下一步深化发展提供了充分的想象空间。文化建设，不仅作为文化物品和文化服务要从社会建设中独立出来，更重要的是精神文化是整合经济、社会、环境的黏合剂，需要与合作治理双管齐下作为可持续发展的推动力。

087）可持续发展研究的内部获得感，来自可持续发展的四个支柱与马斯洛心理学的五个需求有相关性。我从管理学的视角研究可持续发展，除了用可持续发展的思想重新理解社会管理和组织管理，同时想把马斯洛心理学与可持续发展的领导力关联起来，提高个人自我管理的修养和能力，使得个人的生活与工作实现可持续发展。

088）领导力在社会管理、组织管理、个人自我管理中具有最高意义的作用。研究可持续发展与管理，领导力可以解读为四个方面，其中智商有关物质资本，情商有关社会资本，绿商或生态商有关自然资本，而综合商或者灵商是把三者整合起来求得平衡。有可持续发展领导力的人在社会管理、组织管理、个人管理上都应该会有好的作为、好的表现。

089）以前我从实务上说大学教授要成为有四个自由的惬意教授。一是身心自由和时间自由，大学教授不用朝九晚五，时间管理有弹性；二是思想自由，不突破政治底线，大学教授做研究有充分的畅想空间；三是关系自由，大学教授自己给自己当老板，上下左右有相对的独立性；四是财务自由，虽然当教授不可能发财，但是有体面生活是可以做到的。

090）现在我开始用可持续发展的“四商模型”，从理论上解读和理解四个自由，指导教授生活的自我管理。智商用来处理财务自由和财务风险，情商用来处理关系自由和关系风险，生态商用来处理身心自由和身心风险，灵商则是用来平衡三个方面以实现惬意生活的目标。因此可持续发展研究对个人而言，有着充分的内部获得感。

091—100：我是可持续发展教授

091）教授的声誉离不开讲课，教授的基本快乐来自讲课。现在校内外许多人见到我，称我是可持续发展教授，我接受，我快乐。以前不搞可持续发展，研究的东西与讲课的东西是两张皮。现在搞可持续发展，研究的东西就是讲课的东西，讲课的东西就是研究的东西。对我来说，研究和讲课、书房与课堂、学术报告和上课讲课，是一种螺旋式上升有快乐感的正反馈。

092）研究可持续发展将近30年，要我做、我想做、我能做，基本上做到了曲不离口、拳不离手。从本科生到博士生，从全日制到专业学位，从校内到校外，许多人听过我讲可持续发展。一些人碰到，经常会提到我讲课给他们留下的印象，校内外也流传着一些有关我讲可持续发展的段子，说我讲的东西既是有趣的，也是有用的。

093）讲可持续发展，国际上有代表性的人物是先前在哈佛肯尼迪学院现在在哥伦比亚大学的经济学教授Sachs，在网上开慕课讲可持续性发展。我们开会有过交集，不同的是Sachs讲可持续发展基于主流的经济学，我讲可持续发展基于强可持续性理论。我讲可持续发展，希望加强中国式现代化与可持续发展的对话和互动。

J. 萨克斯（J. Sachs），1954年生。哥伦比亚大学校级教授，全球问题和可持续发展研究专家，“休克疗法”之父。1976、1978、1980分别在哈佛大学获得学士、硕士和博士学位。毕业后留校任教，1982年任副教授，1983年为正教授。曾任哈佛大学国际研究中心主任，对联合国制定2030全球可持续发展目标有重要影响。

094）学校把建设可持续性导向大学纳入发展目标，组织中层干部学习请我讲课。我讲了从可持续发展到可持续性大学的世界性进程，结合学校实际讲了可持续性大学需要在教学、研究、社会服务、国际交流、校园建设等方面进行转型，讲了我们可以做的与众不同的事情。讲完后书记上台说，诸教授把自己的研究与学校的发展结合起来，是我们学校的教授榜样。

095）我努力把可持续发展的研究成果转化成为多层次的课程体系。一方面，针对不同的学生讲不同的内容，例如给本科生与 MPA 学生，结合中国五位一体发展观讲可持续发展的政策分析；给 MBA 和 EMBA 学生，结合企业社会责任讲可持续导向的企业管理；给博士研究生，结合跨学科研究讲可持续性发展经济与管理的前沿问题。

096）本科新生开学典礼，我作为教授代表讲话。我说：可持续发展超越传统的经济增长主义，是以人为本、追求福祉的发展观。幸福人生有四个 right，即 right 教育，right 工作，right 伴侣，right 城市，上大学进同济是个大的 right，理由是它有几个很，很工程，很生态，很上海……下来后书记开玩笑说，听了诸老师的讲话，我明白我为什么幸福了。

097）可持续发展是国家发展战略，讲可持续发展有增长的需求。学校接受市里的任务给局级干部周末讲课作培训，一般会安排有代表性、有吸引力的课程和老师。每年的主题和讲课老师有更换，学校希望我能够不要动。多年讲下来，有人出去说，到同济听课没有听过诸教授讲可持续发展是可惜。

098）担任兼职教授到浦东干部学院给领导干部讲可持续发展，我说，平时听官员讲可持续发展，我们搞这方面研究的人有时候觉得很难受。因为官员口里的可持续发展有许多东西是错的，今天讲课希望介绍一些原汁原味的东西。台下听的官员先是感到惊愕，三个小时课讲完后给我打了高分，说我讲的东西可以消除许多有关可持续发展的误区。

099）2013 年雾霾问题引起重视，市里请我给市委中心组学习讲生态文明。我围绕生态文明的世界背景、中国意义、上海行动三个方面，讲了一个半小时，回答了领导们关心的问题。坐在旁边的老领导，说我讲得好、有新话，应该给决策层多讲讲。有人说这个题目本来是准备请北京的专家来讲的，诸教授的报告有上海专家的水平和特色。

100）作为研究工作的总结，最近几年来我搞了一个由十次讲座组成的可持续发展通识系列，不同的对象都可以听。一个月讲一次，内容针对中国当前发展的热点问题，包括中国发展 C 模式、新型城市化、碳达峰碳中和、循环经济、分享经济、绿色消费方式、可持续发展与治理、企业社会责任等。听课的人有校内和校外，我讲得过瘾，听者说听得过瘾。

2

循环经济与宏观减物质化：101—200

1998年访问德国，听政府官员讲从物质闭路循环的思路处理城市和农业废弃物，感觉头脑中的思路一下子激活了，回来后写出了国内循环经济研究的第一篇文章。

101—110：循环经济研究发出第一枪

101）一次，在清华开会遇到参加联合国环境署资源效率研究的一个中国学者，他说国外开会谈循环经济，老外常常提到你的名字。这种时候，我会想起1998年随政府考察团访问德国回来一口气写出循环经济研究论文的情景，当时给政府作的循环经济研究报告获得了国家发改委研究成果一等奖。研究循环经济，我享受了在新领域发第一篇文章的红利。

102）1998年我作为学者参与21世纪议程上海行动计划研制之后，被邀请随上海市政府代表团到欧洲考察政府如何推进可持续发展。在德国听到官员从物质闭路循环（material closed loop）的思路讲农业废弃物和循环农业，讲DSD的包装物回收案例，介绍基于3R原则即reduce，reuse，recycle的德国废弃物处理法，感觉头脑中的思路一下子激活了。

103）回国后大家集中起来写出国考察总结，团长问我最大感受是什么，我脱口而出说是物质流闭路循环的思想，建议把循环经济作为新动向进行研究。建议报上去得到市领导首肯，马上发起开展循环经济方面的系列研究，我作为学者在结合国内和上海发展提出政策建议的同时负责理论方面的阐述。

104）我脑子里原先有的东西开始串了起来，觉得可以用产业生态学和物质流分析等理论，把德国基于3R原则的废弃物处理做法加工引申，发展成为包容性更大的循环经济概念。我弄了几个晚上写出《可持续发展呼唤循环经济》的万字长文。文章开头写道：21世纪的发展取决于两大经济，即知识经济和循环经济。

诸大建（1998）：走向知识经济和循环经济，是世纪之交人类社会可持续发展的两大趋势。前者要求加强经济过程中智力资源对物质资源的替代，实现经济活动的知识化转向（所谓“软化”的发展方向）；后者要求以环境友好的方式利用自然资源和环境容量，实现经济活动的生态化转向（所谓“绿化”的发展方向）。笔者认为，我们在贯彻实施科教兴国战略和可持续发展战略的进程中，在推进知识经济的同时，要重视发展以资源闭路循环、避免废物产生为特点的循环经济，从而确保中国以人均资源稀缺为特点的现代化事业能够持续地向前发展。①

105）我心中的循环经济是个超越垃圾经济的大理论，德国式的废弃物循环是其中的组成部分之一。此前我读过 1989 年《科学美国人》杂志上有关绿色制造的文章，我觉得提出循环经济是要超越末端的回收利用，要行动前移在生产制造的环节就能够减少废弃物，要发展杜邦式自我回收、卡特彼勒式再制造以及瑞士学者 Stahel 提出的产品服务系统等高端循环。

106）我试图重新解释 3R 原则与循环经济的关系。3R 原理以前主要用于末端的废弃物管理，现在需要把它们的含义进行引申，拓展用到更源头的生产与消费过程。针对物质流的开采—制造—消费三个环节，我认为从循环经济的表现形式看 3R 原则，从低到高向上游延伸，需要发展废物循环或材料循环、产品循环、服务循环等 3 种形式。

107）我说搞循环经济有三个尺度：小循环是单个企业的循环经济，中循环是企业之间的循环经济，大循环是发展消

① 诸大建，可持续发展呼唤循环经济 . 科技导报，1998，（9）：39—42，26.

费后的循环经济如再生资源业，等等。后来有人认为这与产业生态学的主张耦合，产业生态学是循环经济的学理基础。但是从更本源的角度看，我觉得1980年代末在国际上崛起的生态经济学更具有理论指导意义，他们强调的宏观减物质化对我最具有思想影响。

108）循环经济英文表达，我用circular economy区别德国废弃物法中的Closed Substance Cycle。现在国内有人说这个词最早由英国环境经济学家Pearce引入，其实国外学者不认为Pearce的概念对现在的循环经济有直接的思想影响。与最早提出产品服务概念的瑞士Stahel讨论，我们认为circular economy的创意是要倡导物质流多循环即multi-cycle economy。

D. W. 皮尔斯（D. W. Pearce，1941—2005），英国环境经济学家。1963年毕业于牛津大学，毕业后在英国多所大学任教。1983年起任伦敦大学学院政治经济学教授，一直到荣退。1989年与人合著《绿色经济蓝皮书》，提出绿色经济概念。1993年出版《世界无末日》一书，讨论了强可持续性和弱可持续性等问题。

109）那时候做研究发论文不太关注杂志等级和影响因子。我早期两篇有影响的循环经济论文，发在非顶级期刊，但是出乎意料的是它们得到了广泛的关注和引用。循环经济研究变热后，有人用 citespace 软件做文献计量分析，指出我的循环经济研究位于国内循环经济研究网络的中心，上述两篇论文具有最高的引用率。

110）研究循环经济占了先机，得益于如何把可持续发展研究推向纵深的读书和思考。我觉得主流经济学潜移默化认可的物质流的线性经济和末端治理有问题，Boulding 有关从牛仔经济到宇宙飞船经济的想法对我有诗一样的吸引力。可持续发展要用较少的自然环境影响实现较好的经济社会繁荣，把物质流闭合起来发展循环经济，看起来是柳暗花明的好出路。

K. E. 博尔丁（K. E. Boulding，1910—1993），美国经济学家，生态经济学的早期倡导者。1966 年发表《即将到来的地球号宇宙飞船经济学》，指出地球资源与生产能力有限，必须在相对封闭的地球上建立物质循环系统，以储备型的宇宙飞船经济替代增长型牛仔经济。国际生态经济学会设立了 Boulding 奖表彰在生态经济学理论上有创新的研究者。

111—120：国合会课题建言献策

111）北京香山饭店，全国 MBA 绿色管理教育会议。清华大学钱易院士作大会报告，研究可持续发展她享有盛名，没有想到在这里得见。茶歇时我上去打招呼，钱先生看到我的名片笑着说我们正想找你呢。原来钱院士向中国环境与发展国际合作委员会提议开展清洁生产与循环经济的战略研究，组织研究班子想邀请我参加。

钱易，1936年生。清华大学教授。主要研究废水处理技术、清洁生产与循环经济、可持续发展与生态文明等，积极倡导在中国建设绿色大学。1952年考入同济大学卫生工程专业，1957年进入清华大学土木工程系读研究生，1959年毕业留校任教。1994年当选为中国工程院院士。曾任清华大学学术委员会主任等。

112）原来，我的循环经济文章发表后得到了钱院士的注意。她主持国合会的清洁生产和循环经济战略研究课题，想网罗最有研究的人马。我由此与钱先生开始了持续多年的学术交往，国合会的研究成果完成后对中国循环经济的发展产生了重要影响。多年后谈到此事，我总要说钱院士是我的贵人。

113）这个邀请当然对我有吸引力。发展循环经济是国家层面的大事情，中国搞循环经济，目的最好不是像德国和日本那样事后应对废弃物，而是要尽可能避免形成高资源消耗、高垃圾产出的生产模式和消费模式。我预感研究循环经济会得到高层关注，没有想到这样的机会是从与钱院士交往开始的。

114）钱先生是中国文化大师钱穆之女，举手投足有书香门第气质。钱先生搞环境科学与工程，本科是在同济，后来到清华读研究生，读书时就是出名的才女。她与我交谈，时而讲上几句上海话，讲一些在同济母校读书时的情况，有一种随意感和亲切感。特别让我心怀尊重的是，钱先生欣赏和包容我有关循环经济发展的一些激进想法。

115）国合会的牵头单位是国家环保部，但是我觉得推进循环经济是需要超越环保覆盖整个发展范围的大事情。传统的末端污染治理和废物再利用，没有触动生产和消费源头，是在经济模式不改变情况下做物质流尾巴上的工作。我心目中的循环经济不是污染治理和垃圾经济，而是要从根本上改变开采—制造—消费—扔弃的线性经济模式。

116）我写论文作讲演，强调循环经济是破旧立新的新环境主义和新经济模式。新环境主义，要把环保纳入物质流全过程，主动减少甚至消除废弃物；新经济模式，要把环保从烧钱变成赚钱，使循环经济带来经济收益。我套用德鲁克的话说，传统环保是正确地做事，循环经济是做正确的事。

117）如果循环经济是绿色经济而非传统的污染治理，那么按照中国的体制安排最好由发改委牵头进行推进。当时国内搞生态产业园区，我觉得管理体制不是很顺，有的地方是环保部牵头，有的地方是发改委主导。我基于上海搞循环经济的做法，认为发改委是综合部门，可以把循环经济纳入整个发展规划。

118）一般认为，环保部的职责是末端污染治理，在经济社会发展主流领域搞循环经济，超越了他们的主业，要他们牵头进行推动难免力不从心；相反，发改委有共和国第一部的称号，主要职能是统筹协调规划安排经济社会发展，循环经济要进入主流，发改委理所当然应该作为第一责任单位。

119）我最初并不认为自己的想法会得到采纳，但是温文尔雅的钱先生骨子里有战略科学家的风格，她支持把我的想法写入课题报告作为政策建议往上报。这对课题负责人当然有风险，事后我也听说环保部门对提议发改委主管循环经济心有不爽。但是事实是这个建议最终被高层决策者接受了。

120）后来的发展证明，发改委的统筹推进对循环经济在中国的主流化是重要的。2005 年以来，中国把循环经济纳入五年发展规划，国家通过循环经济促进法，推出一批循环经济试点项目……一系列自上而下行动在国际上得到了高度关注和好评。有趣的是，前环保部长后来到发改委主管循环经济，有了更大作用空间。

121—130：作为政策企业家

121）最近十年来循环经济在国际上成为可持续发展研究的热潮和前沿，很大程度是因为中国的拉动。国外有论文研究循环经济在中国的缘起及其对国际社会的影响，说我是中国循环经济的政策企业家。确实，在循环经济从学术概念成为政府战略的那些日子，我写文章作报告参加政策咨询，在一些关键事件中发挥了自己的作用。

122）循环经济的概念从上海缘起，是因为上海编制完成21世纪议程上海行动计划之后希望寻找可持续发展的深入工作方向。我作为专家参加上海市政府考察团考察德国和欧洲，从德国政府的物质流闭路循环思想得到启发，回国后一边写政策建议希望政府有引领性的行动，一边做研究发论文从理论上讨论了循环经济的基本问题。

123）循环经济概念一提出就得到了国家环保部门的关注，当时在环保部门担任领导秘书的朋友对我说，最早给领导写有关循环经济的讲话稿，许多内容基于我写的文章。我听了感到高兴，但是并不为此感到满足。因为我写文章不是冲着环保部门去的，我认为循环经济是比环境保护末端治理更具进攻性的发展方式，需要进入国家发改委和发展规划才能起到作用。

124）2005年国务院发文《关于加快发展循环经济的若干意见》，我认为这是中国循环经济成为制度安排和主流化的标志性事件。一方面，循环经济成为有中国特色的绿色发展的抓手，提出了循环经济的发展目标和行动领域，3R原理进入了经济社会发展的主流；另一方面，明确了政府条块之间的关系，确立国家发改委起到统筹协调作用，其他部门结合自己工作进行展开。

125）十一五即2006到2010年的五年发展规划对中国搞循环经济具有奠基性意义。那个时候我经常打飞的去北京，参加循环经济相关政策文件的咨询研讨，评估国家和省市的循环经济发展规划，讨论资源生产率或生态效率作为循环经济的评价指标，特别是参与全国人大牵头的循环经济促进法的研制咨询。

126）2009 年实施的循环经济促进法，把中国循环经济政策从体制上固定下来。国内外认为它是德国、日本以后的第三个国家级行动，我却认为这是超越传统废弃物回收利用意义的第一个国家级循环经济法律，它不是要单纯进行废弃物处理，而是要从生产、消费、回收整个过程减少和控制废弃物。虽然现在看理论上还比较简陋粗糙。

127）那段时间，我做的有深入性的研究工作之一是提出用资源生产率指标衡量循环经济的绩效。循环经济是将资源环境与经济增长融合起来的绿色新经济，绩效评价既不能单一地用传统经济指标，也不能单一地用资源环境指标，而是要用资源生产率让 GDP 在变大的同时也变轻。十二五规划开始，国家发改委提出循环经济的目标是五年提高资源生产率 15%。

128）2005 年制定十一五规划以后，中国循环经济的理论与实践在许多方面具有国际引领意义：过程，从废物循环进入到产品循环和服务循环；绩效，从废物控制指标转向资源生产率指标；主体，从环保部门推进到发展部门进入经济社会发展各领域。后来业务上由发改委指导的中国循环经济协会成为沟通政府与企业的桥梁和抓手。

129）世界上欧洲通常被认为是绿色发展的先行者。2015 年以来，欧盟看到中国以举国体制推动循环经济，发力要拿回绿色发展国际引领者的地位。我被邀请在有影响的 Europe’s

World 杂志写文章。这个时候国内发展却出现了一些纠结。循环经济法需要修订，有人认为原来的法条概念化多、不好操作，想退回去搞德国和日本那样的废弃物管理法。有领导和同行坚持循环经济高于垃圾经济，希望我能够发表看法。

130）我写文章评价了国际发展出现的新趋势新思想，把循环经济的发展概括为三个阶段，1966—1992 年是循环经济的思想萌芽和初步探索阶段；1992—2010 年是循环经济的理论概念多样化阶段，中国在其中起了重要作用；2010 年以来基于互联网的分享经济崛起，循环经济被认为是第四次工业革命的组成部分，中国需要加强与国际之间的对话在新发展阶段继续起到引领作用。

诸大建（2017）：2010 年以来循环经济发展出现了新的动向正在进入第三阶段。主要的动力来自英国的 Ellen McArthur Foundation（EMF），他们聚集研究循环经济的主要理论家、科学家和有志于循环经济的创新型企业家，做了两方面的推进工作。一方面要把到现在为止的各种循环经济思想、学派和模型整合成为系统的理论，提升循环经济的理论成果和科学含量；另一方面要通过循环经济企业 100 强活动，使循环经济在微观的企业层面成为现实和潮流。2014 年，在 EMF 和麦肯锡、埃森哲等联手推动下，达沃斯世界经济论坛成立了高等级的循环经济全球议程理事会，决定把循环经济作为第四次工业革命的重要内容通过世界经济论坛向世界各国进行推进。①

131—140：与国外同道做交流

131）搞循环经济，我注意国内国外学术思想的双循环。2005年以来，我先后被邀请在哈佛、耶鲁、东京大学、瑞士洛桑理工等大学作过中国循环经济的报告，担任了世界经济论坛、英国EMF等国际组织的循环经济专家。与欧美循环经济的主要研究者有广泛的交往，对国外循环经济研究的学术流派有较多的了解。

132）瑞士Stahel是国外研究的代表性人物，他提出的不卖产品卖服务的思想最有创意。我把循环经济概括为从下游向上游延伸的废弃物或材料循环、产品循环、服务循环三种类型，其中服务循环很大程度是受Stahel影响，这个概念可以为后来的分享经济提供理论支撑。2006年Stahel出版《Performance Economy》一书，我很快与Stahel联系翻译出版了中译本。

W. 斯塔尔（W. Stahel），1946年生。绩效经济和产品功能服务概念的倡导者。1971年获瑞士苏黎世联邦理工学院博

---

① 诸大建，最近10年国外循环经济进展及对我国深化发展启示．中国人口、资源与环境，2017，27（8）：9—16.

士，1983 年创建日内瓦产品生命研究所，兼任罗马俱乐部资深成员，以及英国萨里大学和法国特鲁瓦科技大学的客座教授。代表性的著作有《确定性的极限》(1989)、《绩效经济》(2006)等。

133）Stahel 在《绩效经济》中从产品寿命周期角度研究了绩效经济的三个环节。在产品制造环节要制造绩效，有绿色创新思维，用尽可能少的物质消耗生产强功能性的产品；在产品使用环节要销售绩效，有产品服务概念，推进反复使用和共享使用的新消费方式；在产品寿命周期结束的时候要管理绩效，要最大程度做到消费后物品的回收利用。

134）与 Stahel 交往，感到他富有欧洲绅士风格。2006 年我到瑞士洛桑参加产业生态学会议，这个会与 Stahel 无关，他知道后却开车到日内瓦机场来接我，连夜送我到洛桑。2007 年我邀请 Stahel 到上海参加创新与可持续发展国际论坛，会议报销商务舱他只坐经济舱。前些年到瑞士开会比较多，只要 Stahel 知道，他总是这样那样主动提供信息和关照。

135）Braungart 和 McDonough 有与 Stahel 不同的循环经济概念。我参与翻译《自然资本论》一书的时候第一次知道两位的大名，以后他们来华访问以及出国在 EMF 年会和世界经济论坛等场合多次见面，有过深入的理论交流与互动。他们的代表作是《从摇篮到摇篮》(2002)，2005 年同济大学出版社出版中译本，我讲课做报告经常谈到其中的思想。

《从摇篮到摇篮：循环经济设计之探索》，W. McDonough 和 M. Braungart 著，2002 年出版。从樱桃树生长的故事阐述循环经济的思想，说樱桃树从周围环境提取资源，落下的花枝又反馈环境，这不是一种单向的从摇篮到坟墓的线性经济，而是一种“从摇篮到摇篮”的循环发展。提出循环经济是追求生态效益而不是生态效率，有生物性循环和技术性循环两种类型。

136）2010 世博会荷兰馆，我与 Braungart 同台做循环经济报告。我说我赞赏他们区分生态效率与生态效益。他们批评传统的 3R 原则只是对线性经济作修补，是少做一些坏事的生态效率；强调搞循环经济是从设计源头淘汰废弃物，是从头到尾要有正功能的生态效益。我觉得用这样的区分可以看出垃圾经济与循环经济的差异和高下。

137）后来与 McDonough 同台演讲和交往，我说他们区分生物性循环和技术性循环有道理，这促使 EMF 后来可以整合成为循环经济的蝴蝶图。生物性循环，要求经济流程尽可能用可再生资源替代不可再生资源，用完后可以回到自然界；技术性循环，要求仿照自然界的品行设计物质产品，通过再利用再制造提高资源生产率。

138）参加世界经济论坛，我认识了学者风格的英国埃森哲公司可持续发展主管 Peter Lacy，他后来出版《变废为宝》（Waste to Wealth）等书邀请我写封面评语。他的书提出五种循环型商业模式，可以填补国内这方面研究与实践的短板。在国内，政府主导的生态产业园区和循环型城市搞得很活跃，但是企业主导的循环经济理论总结和最佳案例相对不足。

《变废为宝：创造循环经济优势》，P. Lacy 等著，2016 年出版。作者在书中概括了五种循环型企业模式，希望借此推动世界各地的企业发展循环经济，掀起可以与全球化和数字革命相提并论的循环经济变革，使企业的成功不再依赖于开采利用有限的自然资源，而是创造一种资源充足且可持续的全球经济。

139）Lacy 的五种循环型商业模式打开了企业循环经济研究与实践的窗口，我觉得有几个方面启发意义。一是不能把循环经济仅仅理解为发展资源再生产业，循环经济融入产业应该是全方位全过程的；二是与我强调的三类循环有逻辑关联，从商业模式角度做了可操作的细化；三是把共享经济纳入进来，循环经济与数字化互联网结合有了做深做广的吸引力。

140）与国外同道交流深化了我对循环经济的理论思考，2007 年接受中国科学院路甬祥院长和牛文元教授邀请，主编《循环经济与中国可持续发展》一书，我整合已有思想提出了研究循环经济研究需要有的十个观点。2009 年主编国家出版基金项目“循环经济与中国绿色发展”丛书，我整理已有成果出版了《循环经济 2.0：从环境治理到绿色增长》一书，对循环经济研究做了系统的总结和展望。

诸大建（2009）：目前，虽然有关循环经济的研究和论著在雪片般增加，但是对循环经济的一些重要问题还没有形成比较清晰的认识，还需要进行深入的研究和探讨。这里，我想指出我们的研究团队是按照什么样的视角和原则来开展循环经济研究的：

第一，在研究意义上，我们认为，循环经济作为一种整合经济效益和环境效益的绿色发展模式，是对传统的“经济增长＋末端治理”的发展方式的变革。虽然过去几十年来以末端治理为特征的环境保护取得了一定的成绩，但是这种处理途径对于从根本上解决资源环境问题存在着先天的局限。美国环境体制的开拓者和见证者、现任耶鲁大学森林与环境学院院长的 J. Speth 教授在他的新著《The bridge at the edge of the World》（2008）中说到，1970 年代以来美国和世界的环境主义虽然轰轰烈烈，但是并没有获得所期望的成果，是“赢了许多战役，输了整个战争”，就像国内经常说的那样是“局部有所改善，总体趋于恶化”。问题的关键在于，主流的环境治理不是从经济系统本身去防止环境问题的发生，而是在经济过程之外作一些修理性和事后性的工作。因此，从经济方面切入的循环经济研究与实践具有重要的变革性意义。

第二，在理论依据上，我们认为，循环经济所依赖的经济理论与传统的经济理论是有很大差别的。如果过去的环境治理是把经济看作是环境问题的原因，那么现在的循环经济则是要把经济看作是环境问题的解药。这里，作为污染原因的经济模式与作为预防之道的经济模式是完全不同的。传统的末端治理需要应对的是唯经济增长论的传统经济信条，在学术形态上主要以新古典经济学为代表，它们认为经济增长不存在地球生物物理极限，因此主张经济系统可以持续地扩张，由此导致了不断增大的环境压力。而我们认为，循环经济所依赖的经济理论应该是1980年代以来在世界上崛起的生态经济学（戴利，2006），新的经济观念认为经济增长存在着地球生物物理的限制，因此发展循环经济就是要在地球承载能力的范围内促进经济增长和社会福利，以达到预防和大幅度减少资源环境问题的效果。多年来，我们就是在生态经济学和强可持续发展的理论基础上探索循环经济的经济学理的。

第三，在操作方式上，我们认为，传统的经济增长虽然也在提高经济过程中的资源环境利用效率，但是它们关注的是线性过程中的生态效率（eco-efficiency），无法克服虽然效率得以提高但是规模却在扩张的所谓反弹效应（rebound effect）。我们提倡的循环经济是要在生态效果的意义上推进经济发展，即首先确定经济增长可能的物质规模，然后在这个规模的范围内提高非物质化的生态效率（eco-effectiveness）。不同于许多研究仅仅将循环经济等同于各种形式的垃圾经济，我们认为循环经济的操作形式，按照非物质化水平的依次提高，可以有废弃物的循环（recycle of wastes）、产品的循环（reuse of products）、和服务的循环（service instead of products）等三种方式。而发展循环经济的最高目标是要通过物质产品的服务化，实现产品功能与物质消耗的脱钩，实现经济增长与物质消耗的脱钩。

第四，在实施战略上，我们认为，循环经济的发展需要区分两种不同的经济类型。对于发达国家的成熟型经济，由于满足生存的物质方面的基本需求已经达到，因此需要通过循环经济更多地控制经济增长的规模，以实现绝对意义上的减物质化；对于发展中国家的增长型经济，由于人们的基本物质需要尚未得到满足，因此需要通过循环经济实现生产方式和消费方式的变革，首先实现相对意义上的减物质化，然后再进一步向高阶段的减物质化目标做出努力。前者是发达国家学者提出的B模式（Brown，2002），后者是我们在中国循环经济研究中提出的C模式（诸大建，2004）。[①]

141—150：循环经济不是垃圾经济

141）从一开始我就强调，搞循环经济是要将经济增长从资源大进、垃圾大出的物质流单通道的老模式，变为资源小进、垃圾小出的物质流多循环新模式。资源环境消耗减少是

① 诸大建，我们是从什么角度开展循环经济研究的．诸大建主编，循环经济与中国绿色发展丛书．上海：同济大学出版社，2009.

目标，物质流多循环是手段。但是现实却存在三个误区：一是在出口侧将循环经济等同于垃圾处理；二是在进口侧没有宏观经济减物质化目标；三是中间过程只强调废物循环。

142）2015 年以来，联合国把循环经济纳入 SDGs 目标之一的可持续生产和消费，欧盟提出新的循环经济战略要占领绿色发展制高点。相比之下，我觉得国内理论思考的节奏慢了，理论思考的维度低了，一些研究和实践仍然是垃圾处理和垃圾经济的事后应对思维，而不是从生产和消费环节减少资源消耗和废弃物产生的源头防范思维。

143）将循环经济等同于垃圾经济的误区，主要表现在三个方面：一是把填埋和焚烧等无害化处理看作循环经济的重要内容；二是把回收利用当作循环经济的重点，与生产和消费中的产品再利用和共享使用脱节；三是即使搞回收利用，也没有对上向循环和下向循环进行区别，缺少高附加值和环境友好的上向升级循环。

144）参加有关垃圾处理与循环经济的研讨会，主题高大上要从循环经济的高度谈垃圾处理的新思考，一些主旨发言却高开低走，谈着谈着就变成呼吁加强末端导向的垃圾焚烧处理了。我听着不由地苦笑，提出循环经济的初心难道不是要最大程度脱离填埋焚烧等事后被动处理的垃圾管理老模式吗？

145）针对垃圾和固体废弃物的泛滥，循环经济是要从开采—制造—使用—消费后回收的各个环节减少垃圾和废弃物产生。而垃圾经济只是对最终环节的垃圾排放物进行处理，后者是物质流全过程中的一个片段，重心不在防范和减少垃圾。可以说循环经济关注的是可持续发展的战略问题，垃圾经济关注的是一个环节的管理问题。

146）与一些讲循环经济的学者交流，发现他们不太知道2015年以来国际上有关循环经济的进展，不知道英国EMF做的循环经济整合工作和蝴蝶图，不知道斯塔尔、麦克唐纳和布朗嘉特等人的研究工作。我开始理解，为什么他们谈了很多传统的3R原理，谈了很多废弃物回收利用，却谈不出什么是我们真正需要的循环经济。

147）事实上，循环经济的新3R不同于垃圾经济的老3R：reduce是在物质流的输入口和制造环节要尽可能用可再生资源替代不可再生资源；reuse是在流通与消费环节延长物品的使用时间，因此需要发展服务循环如产品服务系统和分享经济，发展产品循环如旧物交换和再制造等；recycle是在废弃物环节要升级循环而不是简单的降级循环甚至焚烧和填埋。

148）我心目中的循环经济，表现形式从低到高需要有三种即废弃物循环或材料循环、产品循环、服务循环，这需要从源头上的生态设计或可持续性设计做起，对产品从摇篮到摇篮有事先的整体性思考。可惜国内有人认为搞好了回收利用就是搞好了循环经济，把提高回收利用率作为唯一重点，不知道循环经济是要从根本上提高经济过程的资源生产率。

149）区分上向升级性循环与下向降级性循环，是McDonough和Braungart提出的概念。意思是说当前的回收利用主要是下向的物质循环，降级性循环产品没有升级性的生态设计，在材料品质、经济附加值以及产生的污染上是衰退的。例如，降级回收的材料比原来的材料性能差，需要加入化学添加剂处理，结果增加了毒性和污染。

150）当年基于循环经济是绿色经济而不是传统环保，建议最好由发改委而不是环保部主导，是希望将循环经济的理论和方法贯穿于生产和消费的全过程全环节。现在看到地方发改委的资源环境部门有时候在照搬环保部门的做法，搞循环经济是在生产和消费之外做传统的末端环境治理工作，觉得这与原先的预期是有距离的。

151—160：物质消耗要有天花板

151）从 2005 年算起，中国实施循环经济至今 15 年，垃圾产出量仍然在高增长，目前中国城市人均每天垃圾产生量超过 1kg。日本 2000 年开始搞循环型社会，垃圾总量和人均日垃圾量已经在减少。发展是中国当前的要务，垃圾增长与经济高增长强相关可以理解。但是搞循环经济，目的就是要让垃圾增长速度慢下来，实现宏观经济减物质化。

152）一次重要会议讨论循环经济，我和几个学者指出，以 2005 年为基准，国内发展低碳经济已经提出了 2030 年二氧化碳排放达到峰值的高目标，有心实现经济增长与二氧化碳排放的绝对脱钩。相比之下，循环经济的发展规划和发展目标，如果不明确控制资源消耗和固体废弃物排放的总规模，很大程度会影响推进的力度和成效。

153）研究循环经济，我引入资源生产率概念，最初是强调测量循环经济不能用单纯的经济指标，也不能用单纯的资源环境指标，而是要用两者合成的生态效率指标。后来越来越多地强调，资源生产率不是简单地把 GDP 的物质消耗强度倒过来，而是要限定分母中的物质消耗天花板，有针对性地大幅度提高资源生产率，对冲经济增长带来的资源消耗。

诸大建等（2005）：循环经济关注的目标不再是单纯的经济增长，而是生态效率（Eco-efficiency）的提高。生态效率是经济社会发展的价值量（即 GDP 总量）和资源环境消耗的实物量比值（如公式 1），它表示经济增长与环境压力的分离关系（decoupling indicators），是一国绿色竞争力的重要体现。①

154）参加循环经济研讨会，有人举出一些个案表示循环经济取得的成功。我会讨论说发展循环经济是为了什么？然后说，如果搞低碳经济是要控制化石能源增长和二氧化碳的排放，那么搞循环经济就是要在生产和消费的进口侧将物质资源消耗控制在某个合理的水平，这个宏观目标是不能用一个个微观项目证明的。

---

① 诸大建等，生态效率与循环经济．复旦大学学报（社会科学版），2005，（02）：60—66.

155）类似低碳经济最初只有碳强度指标没有碳排放总量指标，搞循环经济如果上边的政策只是控制物质强度，下边就不会主动去控制物质消耗总量。最通常的情况是，一边在微观上把物质强度做下去，一边在宏观上把经济总量做上去，结果总的物质消耗往上冲，抵消了微观降低物质强度的意义。这就是“反弹效应”在循环经济上的表现。

156）研究绿色经济，我开始接受这样的观点，即历史上经济增长导致效率改进是常态，重要的是物质消耗要有天花板的概念。中国搞低碳经济的经历也是这样。开始时关注能源消耗强度和碳强度，如 2009 年哥本哈根会议提出到 2020 年单位 GDP 碳强度要比 2005 年减少 40% ～ 45%。后来认识到重要的是二氧化碳排放总量实现零增长。

157）2017 年党的十九大提出现代化建设两个 15 年的宏伟目标，强调到 2035 年生态环境明显好转，环境倒 U 形曲线从左侧走向右侧。与这个目标相一致，国家提出到 2030 年二氧化碳排放达到峰值，后来进一步提出到 2060 年实现碳中和。我觉得，搞循环经济也应该有雄心，到 2035 年左右使重要原材料消耗和废弃物排放进入平台期甚至出现拐点。

158）如何实现宏观经济的减物质化，最终达到物质消耗天花板？我觉得要牢记搞循环经济有“四个最”的基本法则，即两个最小化两个最优化。两个最小化一个是资源输入开采端的最小化，另一个是废物输出排放端的最小化。这是为什么要搞循环经济的由来，要用资源环境倒逼经济增长从线性物质流模式转向物质多循环模式。

159）两个最优化是循环经济的操作形式，一个是废物回用最优化，包括废物再循环和产品再制造，这是末端处理，可以直接起到减少原生资源开采和废弃物排放的作用；另一个是物品存量的服务最优化，这是正在崛起的分享经济的主要内容，包括 B2C 的产品服务系统和 C2C 的闲置资源共享。

160）2018 年冬季达沃斯，看到一份与全球低碳转型目标有对照意义的循环经济战略研究报告。欧洲的研究机构 Circular 说，到 2050 年如果废弃物循环再生率从现在的 9% 提高到 50%，同时加强物质流输入端和输出端的最小化以及物质存量的服务最优化，就有可能实现物质消耗的零增长。我觉得中国制定循环经济的中长期战略需要有这样的思维和布局。

161—170：区分物质循环与能源低碳

161）以前没有仔细想过循环经济与低碳经济的差别，2008 年到内罗毕参加 ISEE 会议，听到一个尖锐评论，说循环经济不可包含低碳经济，因为能源循环违背热力学二定律。这个提醒很及时很过瘾，从那以来我做研究，非常明确地强调搞循环经济是研究物质流问题，搞低碳经济是研究能源流问题。

162）国内常常把绿色、低碳、循环等词语放在一起讲。其实，它们之间有范围上和对象上的区别。绿色发展是包容性的大概念，泛指所有资源节约、环境友好的经济社会发展；低碳和循环是绿色发展下的两个子集，低碳发展通过能源变革减少二氧化碳排放，循环发展通过物质流再造减少废弃物排放。

163）把低碳经济与循环经济区分开来进行研究，有两个意义。一个是搞低碳经济要有能量守恒与转化概念，记住能源可以递级利用，但是不能反向循环，例如废热不可能从高熵到低熵；另一个是循环经济对低碳转型有意义，不是在于直接减少化石能源消耗和碳排放，而是通过物质多循环利用减少整个供应链上的能耗和碳排放。

164）低碳经济的关键是能源转型，目的是最大程度用可再生能源替代化石能源，降低二氧化碳排放。类似地，循环经济也要区分两类资源，即生物质资源和非生物质的矿物资源，目的是使非生物质资源消耗最小化。搞循环经济能替代的地方要尽可能物质替代，重点是提高资源生产率以减少废弃物增长。

165）生物质材料的优点是具有天生的可循环性，例如一次性餐盒要用生物可降解材料替代全塑料。2010 上海世博会伦敦低碳馆用食物做的一次性可吃餐盒，德国馆用完后可以埋在地里自然降解的 T 恤衫，以及传说中德国人发明的用全生物材料做成的汽车，是我讲生物性循环的常用例子。

166）《从摇篮到摇篮》一书区分了生物性循环与技术性循环，EMF 整合各种思想流派在此基础上建立了循环经济蝴蝶图，有人进一步提出了生物经济新时代的概念。但是 Stahel 与 Braungart 之间有过有趣的争论，前者强调技术性循环，后者强调生物性循环。我同意前者，不认为生物性材料可以完全替代矿物质材料。

167）我最初解读循环经济，把 3R 原则即 recycle、reuse、reduce 操作化展开，分别对应于废物循环、产品循环、服务循环。后来觉得这样写不足以强调循环经济的意义，开始把顺序倒过来，强调越是短程的循环越具有变革性，强调服务循环具有优先级的意义，是生产与消费模式的革命。

168）2011 年参加世界资源论坛（WRF），许多人用废弃物再循环的概念谈循环经济和生态效率，我用服务循环的概念讲循环经济和生态效益。那时还没有中国共享单车的事例，我用地毯公司 Interface 不卖地毯卖地面舒适服务的案例作解读。研究循环经济我觉得产品服务系统的概念最有吸引力，最有前瞻性。

169）我同意日本作者三浦展在《第 4 消费时代》（2012）一书中所说，分享经济是后工业时代的第四种消费，人类消费需要从拥有型模式走向共享型模式。废物循环和产品循环虽然重要，但仍然是在旧的拥有型经济的轨道上做文章，只有服务循环和共享经济打开了人类生活的新时代。

《第 4 消费时代》，三浦展著，2012 年出版。通过对日本社会的分析，指出消费模式可以分为四个阶段。第 1 消费时代，是少数中产阶级开始享受的拥有型消费；第 2 消费时代，是以家庭为中心的大众化拥有消费；第 3 消费时代，消费的个人化趋势风生水起；如今日本已进入第4消费时代，消费模式从追求个人拥有到追求共同使用。

170）2016年英国Lacy出版《Waste to Wealth》一书，请我写封面评语。他把C2C的分享经济纳入循环经济给我启发，我开始区分服务循环的两种类型，C2C是消费者之间的闲置资源分享，B2C是企业提供分享的服务。碰巧2016年也是中国共享单车元年，我开始了从共享单车讨论分享经济和制造型的企业不卖产品卖服务的新研究。

171—180：如何理解共享单车是创新

171）2016年摩拜单车问世，我看到了一个产品服务系统的中国事例，作报告发文章说共享单车搞好了会是中国共享经济的创新。我研究循环经济，强调服务循环和产品服务系统应该是发展循环经济的高端形式和优先选择。可惜共享单车的后来发展，资本逻辑强于学者逻辑，让我的心情坐了一次过山车。

172）以往讲到服务循环或产品服务系统，例子常常举美国地毯公司Interface和瑞典家电企业伊莱克斯等。摩拜单车出来，我觉得有了中国自己的故事。摩拜的初心如果真是不卖自行车提供共享骑行服务，对城市交通变革就有重要意义：一方面解决城市交通中的最后一公里问题；另一方面可以让城市骑行与私人自行车保有量脱钩。

诸大建（2017）：笔者近几年参加达沃斯世界经济论坛的全球议程理事会和全球未来理事会，重点讨论的话题是第四次工业革命与循环经济，而循环经济的最新内容就是分享经济。从分享经济的角度研究城市，研究城市的交通、建筑等，可以引发与以往不同的新思考，可以从共享单车进入到共享出行甚至共享城市。①

173）用循环经济的理念搞共享单车，我认为需要在三个方面与传统自行车不同：一是在制造环节，要制造有耐用性的经得起日晒雨淋的新型自行车；二是在销售环节，不是销售自行车追求销售额，而是销售骑行服务追求共享率；三是在终端环节，当自行车报废的时候要能够回收再利用，而不是给城市增加新的废弃物。

174）我到摩拜公司实地考察，与 CEO 交谈证明他们是想这么做，发现摩拜单车的技术创新符合循环经济提高资源生产率的要求。在分母上，引入实心轮胎、轴转动等耐用性技术，延长摩拜单车的生命周期，要减少自行车的生产与销售；在分子上，引入智能锁、GPS 定位等智能化技术，要提高自行车使用的周转率。

---

① 诸大建，后汽车时代城市的共享出行问题—基于循环经济视角的思考 . 城市交通，2017，15（5）：12—19.

175）共享单车发展多了以后，有机构开会讨论研制共享单车技术标准，草案中有强制共享单车三年报废的规定。征求我的意见，我说标准制定需要引入循环经济和产品服务系统的概念。摩拜单车最初设想让共享自行车做到四年不坏，标准制定需要打破原有自行车的框框，对自下而上的技术探索和创新可以有一定的包容性。

176）开研讨会有人对照美国的 Uber 案例，说共享单车是伪共享真租赁。我指出中国的共享单车发展模式不是美国式 P2P 或 C2C 型的分享经济，而是欧洲式 B2C 型的分享经济。共享单车的发展逻辑应该是企业提供基于耐用品制造的产品服务，先投放一定数量的耐用性自行车替代旧的社会私人自行车，然后用存量提高分享率而不是追求投放规模。

177）我用资源生产率的概念分析城市中的共享单车发展规模。共享单车的分享率用 1∶5 计算，投放 10 万辆每天服务 50 万人次。城市的自行车出行量，按照经验用占城市出行比重 10% ～ 20% 计算。以上海常住人口 2500 万为例，如果自行车出行人次是 500 万，共享单车投放规模可在 100 万左右。

178）发展共享单车的目的是改善城市交通，基于公共性和分享率的城市交通出行愿景应该是：作为公共交通的地铁和巴士第一重要，出行率要达到 50% ～ 70%；包括共享单车的慢行交通第二重要，出行率要达到 20%；出租车与汽车分时租赁可以有 10%。这些努力的目的是不要让小汽车出行在城市交通中成为主导。

179）但是事情在向相反方向发展，在资本推动下共享单车开始泛滥，中国城市出现了废车围城现象。ofo 出现的时候我就警觉存在两种取向。一种是像摩拜开始那样，设计制造耐用的新自行车提供共享服务；另一种是像 ofo 那样，买入传统自行车追求投放规模。后来摩拜忍不住了，从改版 lite 起也开始拼投放，我微信 CEO 说这有搞旧模式的危险。

180）到北京开会向领导提建议，我说共享单车本来是个好事情，但是现在的发展处在十字路口：往右走，被资本牵着鼻子走，市场失灵最大化，社会意义最小化；往左走，政府出手把方向，与企业合作通过 PPP 方式让共享单车回到准公共物品属性。共享单车发展目前仍然在曲折前行，我相信最终会走上真正的共享经济道路。

181—190：循环经济与绿色就业

181）Stahel 在《绩效经济》一书中曾经基于可持续发展三重利益，建立绩效经济或循环经济的三角形模型，三个顶点分别是经济产出、物质循环、社会就业。这与我的想法有耦合，我曾经写论文讨论循环经济与全面小康社会建设，分析过三方面的意义，指出国内搞循环经济不能只有技术思维，更需要可持续发展的三重底线思维。

182）循环经济主要讨论经济与环境的关系，但是对第三个维度即社会也有新意。循环经济的三重效益，是可持续发展3P价值即profit、people、planet的表现。环境意义，是要减少废弃物的生产量与处理量；经济意义，是要通过减少原生材料降低经济成本增加收益；社会意义，是要延长产品的生命周期创造新的就业机会。

183）2009年金融危机后，我应邀到纽约联合国总部参加联合国环境署发起的绿色新政政策咨询。与相关人士交流，觉得拟议的绿色经济文件关注生态效率多，关注生态规模少。但是生态经济学的批评更严重，2012年参加里约+20和ISEE会议，有人说绿色经济没有社会维度的人文关怀，是加了绿色外衣的增长主义。

184）正是2009年纽约开会，我买到了一本讨论绿色就业的新书。用来研究循环经济，我分析了3R原则与绿色就业的关系，指出recycle可以增加末端废弃物再循环的就业机会，reuse创造了许多逆向物流和再制造的工作岗位，reduce虽然减少了制造侧的工作但是通过服务循环增加了运营维护方面的就业。

185）后来在世界经济论坛全球议程会议研讨循环经济，我说循环经济的就业意义要纳入第四次工业革命进行研究和推广。我举例说，施乐复印机是用三种循环系统提升就业的完美事例：废弃物循环，二次资源再利用创造就业；复印机再制造，机器回收分解再上生产线创造就业；服务循环，不卖复印机卖文件复制服务增加了运营性就业。

186）在废弃物和材料循环方面，我觉得城市生活垃圾的回收利用引入公私合作的方法，可以创造出更多的就业机会。生活垃圾要变成为城市矿山，就要按照谁污染谁掏钱原则，将扔垃圾的过程从免费方式转化成为需要缴钱。这样就有经济机制做好垃圾分类，有效发展垃圾回收利用产业，创造出一些劳动密集的就业机会。

187）当然，废弃物回收利用需要为劳动者提供有体面感的绿色工作。一个回收拆解旧马达的民营企业做大了要上市，请我担任独立董事，我说去工作场所看过后再决定。实地考察后，我对工作场所改进条件提出了一些建议。许多回收利用企业始于缺少环境保护的土作坊，把它们看作循环经济，会毁了绿色新经济的名声。

188）在服务循环方面，我觉得不卖产品卖服务的新经济使得生产、消费、就业模式发生了系统性的变革：生产角度，是从销售产品转向销售服务；消费角度，是从追求拥有到追求共享；就业角度，是从传统的制造性就业转向了更多的运营性就业，为所在地创造了更多本地就业的机会。

189）研究共享单车，我感兴趣多方面的创新意义。生产环节，不是制造传统自行车，而是研制具有耐用性的新自行车；销售环节，不是卖自行车，而是卖骑车服务；更重要的是在运维环节，创造大量运营性就业的机会。共享单车从野蛮生长到大洗牌，我相信最后能够站住脚的一定是在产品服务和绿色就业上胜出的品牌。

190）Stahel 说，循环经济的本质是用可再生的人力资本替代不可再生的物质资本。我觉得这样的看法有高度有深刻性。产品生命周期越长越耐用，物质资本消耗就越少，人力资本的机会就越多。在自然资本从富余到稀缺的背景下，强调服务循环就是要用尽可能少的物质资本存量实现劳动就业的最大化。

191—200：达沃斯小镇获大奖

191）每年一月的冬季达沃斯是世界瞩目的地方。晚上 10 点，世界粮食署帐篷式会议厅，世界经济论坛 2016 循环经济奖颁奖仪式到了个人领导奖揭晓时刻，主持人走上台，“我宣布，获得循环经济全球领导力奖的是中国同济大学的诸大建教授。下面请诸教授上台领奖并发言。”

192）掌声中，我快步走上台，与颁奖人握手，接受奖杯，摆姿势合影，然后走到讲台前。参加国际会议发言许多次，今天只作 2 分钟发言，心情却不一样。颁奖会上只有我一个中国人。我吸了口气，看了看台下，慢慢开口说道：非常高兴能够获得世界经济论坛的循环经济领导力奖。

193）从准备申报开始，我有预感会成功。在国内，我最早研究循环经济，对学术界和决策层有影响；在国外，我多次被邀请在国际会议作循环经济报告，同行知道我做过的工作。这次申报，先是接到组织委员会邀请提供材料；后来参加了电话答辩；再后来得到消息说在最后抉择中胜出了。

194）国际评审委员会认为，过去 10 多年来我对循环经济发展起了倡导者和领导者的作用。在中国，我的研究超越传统的垃圾处理，强调了循环经济对于绿色发展的源头意义，促进国家把循环经济纳入发展政策；国际上，我参加了早期的理论研究和政策咨询，对循环经济概念的发生发展作出了贡献。

195）达沃斯世界经济论坛循环经济奖 2015 年开始设立，只有领导力奖是个人奖。我是第二个领导力奖获得者，也是第一个大学教授获奖者。循环经济的发展，需要企业实践创新和政府政策创新，也需要学术界的理论探索。国际上循环经济存在多种思想流派，我做研究试图在理论与方法上进行整合。

196）我做研究对大道至简的东西感兴趣，觉得化繁为简是神奇。当年学地学觉得大陆漂移和板块学说是这样，后来搞科学哲学觉得科学范式及其迁移是这样，现在研究可持续发展觉得循环经济更加是这样。循环经济把物质流从摇篮到坟墓变成从摇篮到摇篮的多循环，把烧钱的东西做成可以挣钱，极富有想象力。

197）多年前我写科学评论文章，说科学家的声誉是靠他的发现与发明作注解的，文章后来被《新华文摘》全文转载并收入海峡两岸的高中语文教材。研究循环经济，国内有人把这个说法用到了我的头上，说我是循环经济教授和国内第一人。我最初搞可持续发展，没有想到会在循环经济研究上得到斩获，获得红利。

198）“我回去要告诉中国同事今天的赢者是中国人”，下来后有人上来向我表示祝贺。我知道，获得循环经济领导力奖是个人作用与国家推动的函数。中国搞循环经济有世界影响，我可以有的感慨是，做教授搞学问，要当巴斯德型学者把研究做在与社会发展趋势和政府发展战略有交集的地方。

199）学者做研究，某种程度是国家出钱来满足科学家的好奇心。学者得到声名和地位是一瞬间的事情，但是学者对学术研究有痴迷、有成绩却要经历时间磨砺。循环经济最初是个非常幼嫩的研究领域，中国政府用举国之力推进循环经济，对这个学术概念变成世界潮流具有举足轻重的作用。

200）我做研究也是国内国外双循环。一只眼睛看国外，身在国内要引入国外研究的最新信息；一只眼睛看国内，走到国外要表达来自中国的学术思考。获得循环经济领导力奖是对我融合国内国外做研究的回报。我认识到将联合国倡导的可持续发展与中国追求的发展是硬道理结合起来，研究路子会越走越宽广。

3

第一次理论整合与三个支柱：201—300

走进学校图书馆的中美二手书转运站随便乱翻，看到一本 Daly 的书《超越增长》，副标题是可持续发展的经济学，发现这是从理论上解读可持续发展最需要的书。

201—210：读 Daly 书区分强与弱

201）1995—1997 年搞了一遍可持续发展，发了一些文章，我开始感到不满足了。因为最初的研究资料主要是联合国有关可持续发展和 21 世纪议程的政策文件，许多问题是政策导向的，不清楚它们的理论支撑和内在逻辑是什么。我感到对可持续发展的理解需要从政策研究深入到学理研究。

202）按照我的 WHW 思维习性，研究可持续发展要搞清楚三个基本问题，即什么是可持续发展，为什么要搞可持续发展，怎么搞可持续发展。什么是和为什么的问题，相当于“规划中的理论”（theory in plan）问题，而怎么做的问题相当于“做规划的理论”（theory of planning）问题。过去30年，自己对三个基本问题的认识一直在深化。

203）理论研究的升华来自读了Daly的书。1998年的一天，我走进学校图书馆的中美二手书转运站随便乱翻，看到一本Daly的书《超越增长》（1996），副标题是可持续发展的经济学，发现这正是我解读可持续发展最需要的书。10元钱买回来细读，觉得买这本书太值了，从此成为案头常看常新的参考书。

H. E. 戴利（H. E. Daly），1939年生。稳态经济学的提出者，国际生态经济学学会（ISEE）的创始人之一，被认为是强可持续性的理论家。1988—1994年任世界银行环境部高级经济学家，现为马里兰大学公共事务学院教授。代表性著作有《走向稳态经济》（1973）、《为了共同的福祉》（1989）、《超越增长——可持续发展的经济学》（1996）等。

204）后来上海译文出版社请我主持前面提到的国外绿色发展研究前沿译丛。我就以Daly的书为旗舰作品，挑选了十几本1990年代以来有关环境与发展思想的最新著作。我在Daly著作中文版译者序中写了研读该书可以有四个方面的思想感受。现在出国参加生态经济学或可持续发展方面的学术会议，同行说我是把 Daly 著作引入中国的推手。

诸大建（2001）：当前，从学术界到企业界，从国内到国外，谈论可持续发展已经成为一种时尚。但是，对同一个“可持续发展”却存在着非常不同的理解。有的人把可持续发展等同于一般意义上的环境保护，有的人把可持续发展看作是包罗万象的思想箩筐，也有人把可持续发展用来作为传统经济增长理念的新遁词。在这种情况下，介绍 H. E. Daly 这本论述可持续发展的著作《超越增长》，对于理解什么是真正的可持续发展肯定是有帮助的。①

205）Daly 论述的第一个观点，是可持续发展具有发展范式的革命意义。Daly 强调，增长是物理上的数量扩展，发展则是质量和功能上的改善。可持续发展是一种超越增长的发展，要用福利为中心的质量性发展替代以增长为中心的数量性扩张，发展规律总是从物质扩展走向质量提升。这样的判断对于研究过库恩范式变迁理论的我是有吸引力的。

206）Daly 论述的第二个观点，是认为经济系统是生态系统的子系统。Daly 强调，增长主义经济学把经济看作是孤立系统，因而物质规模可以无限扩张。而可持续发展经济学认为经济是外部生态系统的子系统，因此经济增长的物理规模

---

① 诸大建，《超越增长—可持续发展的经济学》译者的话．上海：上海译文出版社，2001.

不是无限的。时任世界银行首席经济学家的 Summers 曾经批评后者说，这不是经济学看问题的方式。

207）Daly 论述的第三个观点，是认为可持续发展是生态、社会、经济三方面的平衡。Daly 指出，可持续发展要求生态规模上的足够（Sustainable scale）、社会分配上的公平（Fair distribution）、经济配置上的效率（Efficient allocation）三个原则同时起作用。后人进一步发展为可持续发展经济学有 3E 原则即 ecology，equity，efficiency 或可持续性企业有 3P 原则即 profit，people，planet。

208）Daly 论述的第四个观点，是实现可持续发展需要政策调整。提出了四条操作性建议，一是停止当前把自然资本消耗计算作为收入的做法；二是对劳动及其所得应该少课税，对资源流量应该多课税；三是从强调劳动生产率转向强调资源生产率；四是以自然资源出口为导向的全球化对可持续发展是不利的，需要变革。

209）诺伊迈耶的《强与弱：两种对立的可持续性范式》（1999）认为，Daly 的可持续发展经济学或他所谓稳态经济学是强可持续性观点，新古典经济学对可持续发展的解读是弱可持续性观点。从弱到强的变革是经济学研究范式和发展理论的范式变革。当然一些具体的概念和方法如投入产出、生产率、规模报酬不变、边际收益递减等仍然是通用的。

《强与弱：两种对立的可持续性范式》，E. 诺伊迈耶（E.

Neumayer）著，1999 年出版。研究可持续发展，最为重要的一点是以怎么样的方式切入，选择不同的研究范式会得出完全不同的结果，这些结果将影响政府、企业、个人的政策制定和决策。本书探讨了两种可持续性范式——弱可持续性范式和强可持续性范式——的合理性和局限性，作者本人较多倾向于后者。

210）有关可持续发展的范式区别，关键在于对经济、社会、环境三者之间的关系怎么看。虽然 2001 年就读了 Daly 的理论，但是我对这个关键问题的理解却是慢慢深刻起来的。最初的解读是三者分列的似可持续性，然后转变为三者相交的弱可持续性，最后提升为三圈包含的强可持续性。其中，2008 年到内罗毕参加国际生态经济学大会对我是一次彻悟。

211—220：三个支柱不是加和关系

211）最初理解可持续发展，是被那幅经典的一个屋顶三个柱子的图像所吸引，知道了发展是包含经济、社会、环境三个方面的体系。其中，经济涉及物质资本即人造出来的物理资本，社会涉及人力资本包括健康和教育等，环境涉及自然资本及其提供的生态系统服务。国内现在的政策语言说发展要有生产、生活、生态，可以认为是可持续发展的中国化表达。

212）在最初级的意义上，把可持续发展解读为经济、社会、环境三个方面，可以与各种误解进行区别。例如可持续发展不等于单纯的环境保护，可持续发展也不是国内学者常说的人口、资源与环境，当然可持续发展也不是包罗万象的大杂烩。上海 2035 城市总体规划提出建设创新之城、人文之城、生态之城，可以认为是要建设可持续发展导向的全球城市。

213）但是不是包含了经济、社会、环境三个系统就是可持续发展，关键是如何解读三者之间的关系。从最初到现在，我经常听到有学者把可持续发展三个支柱之间的关系简单解读为是加和关系。我感觉，如果三者之间是简单加和关系，我大概不会对可持续发展一往情深，这与我多年来形成的系统思维有冲突。

214）我以为，三者加和模型对可持续发展的解读是形似而不是神似。为什么？主要问题有三个：一是这样会导致认为资源、环境、生态等自然资本对发展并不是充分必要的；二是即使有自然资本，认为发展是可以用物质资本随意替代自然资本的；三是容易把自然资本的消耗和环境治理看做发展的收益而不是成本。

215）对于第一个问题，如果我们把三个支柱的可持续发展模型表达为加和的情况，即 $SD = Q1 + Q2 + Q3$，其中 Q1、Q2、Q3 分别表示经济、社会、环境，可以看到现实世界中并不存在它们中有一个可以为零。这是容易理解的，例如经济增长是物质资本的积累，而物质资本是用自然资本转化而来，没有自然资本就没有物质资本，因此也就没有经济增长。

216）对于第二个问题，三个支柱的加和模型意味着只要三个方面加和最大化，就是可持续发展，不管其中的自然资本实际上是严重退化的。例如只要经济增长在数值上超过了自然退化，只要总结果是增长的，就是可持续发展的。这就否认了可持续发展要求经济、社会、环境三个系统协调发展的含义。

217）国内外经常有人发布城市可持续发展的排行榜，经常看到一些经济蛋糕做得很大但是生态环境严重退化的经济城市被评为可持续发展的标杆城市。这种排行榜就是把三个支柱简单加和而成的结果。这样做，误导人们把经济增长当做可持续发展，导致只要经济蛋糕足够大就可以抵充资源环境的损失。

218）这种情况类似我们招收研究生看成绩，考了几门课只看加总后的总分是多少，总分大就排在前面，而不管数学、外语方面的成绩是否过了及格线。真正的可持续发展不仅要看总分多少，还要看经济、社会、环境三个子系统的小分是多少，即使总分很高，小分不过及格线，也不能算可持续发展。

219）对于第三个问题，三个支柱的加和模型常常导致这样的结果，一方面不把经济增长导致的资源环境损失看作成本，另一方面却把治理生态环境的付出看作经济增长的收益。例如在一个城市 7% 的经济增长中可能包含了 2% 的污染治理投入，因此实际上的净增长只有 5%。这就像问湿毛巾挤掉水分以后的干货净重是多少。

220）最初参加21世纪议程上海行动计划和发展规划研制和咨询的时候，我也用三个支柱的加和模型建立上海可持续发展的评价指标，输入数据对各个指标进行无量纲化，计算出经济、社会、环境三个分指数，然后用层次分析法算出上海可持续发展的总指数是多少。后来很快认识到，这种有关可持续发展的理解是肤浅的和错误的，对推进可持续发展没有多少帮助。

221—230：可持续发展的三条边

221）告别三个支柱的简单加和模型，看到芒那星河写文章说经济、社会、环境三者关系是有交集的三圈相交模型，就觉得很好接受了。芒那星河后来把他的思考写成《使发展更可持续——可持续发展经济学框架与实践应用》(2007）一书，提出可持续经济学（Sustainomics）概念，强调研究两两之间的互动。我们都是达沃斯世界资源论坛国际专家委员会成员，听过他作报告，有过几次交集。

《使发展更可持续——可持续经济学框架与实践应用》，M.芒那星河（M. Munasinghe）著，2007年出版。作者从1992年里约会议开始思考和构建可持续经济学的理论框架，本书是多年研究的成果，强调可持续发展是经济、社会、环境三个顶点组成的三角形，强调三个边的互动关系与每个角所表征的意义同样重要。

222）芒那星河的可持续经济学有一个平衡可持续发展三角的原理。他说，这个原理可以回应里约峰会以来如何将可持续发展的三个支柱整合到发展理论和发展政策中的争论和分歧，强调三角形的每条边与每个角代表的意义同样重要，可持续发展的理论要加强对三条边即三个支柱之间互动关系的研究与实践。

223）我深刻领会三边互动、两两相交思维的好处。研究国家和城市，因为规模有大小，从三个顶点如人口、经济、环境无法直接比较他们之间的可持续性，但是两两相交以后，不同规模的研究对象，就可以对他们的经济发展、资源效率、环境公平等情况做横向比较了。有了三条边互动的概念，很好理解现在 SDGs 研究中的粮食、水、能源等 Nexus 问题。

224）设想经济维度的绩效用 GDP 表达，社会维度的指标用人口多少 P 表达，资源环境的指标用生态足迹 EF 表达，那么可持续发展三个角的两两互动：在经济与社会的交界面是人均 GDP 即 GDP/P；在经济与环境的交界面是资源生产率 GDP/EF；在社会与环境的交界面是人均资源环境消耗或人均生态足迹 EF/P。

225）这样就可以对两个不同规模的对象进行比较，获知可持续发展在发展、效率、公平以及生态消耗规模和外部性方面的有用信息。例如，从人均 GDP 的高低，看两个对象经济发展水平的强弱；从单位生态足迹的经济产出，看两者的绿色化水平；从人均生态足迹的高低看生态公平在不同对象上的分布。

226）把三条边上的关系整合起来，可以看到可持续发展的整个图像以及内部结构。例如从人均生态足迹的大小去分析可持续发展，得到关系式 $EF/P=EF/GDP \times GDP/P$。可以发现，可持续发展一方面要求提高人均 GDP，另一方面要求降低单位 GDP 的物质强度。这与我后面要谈到的 IPAT 公式有密切关系。

227）我经常说中国可持续发展起码要有 3 个 20% 的目标，即中国人口占世界的 20%，好的发展应该是 GDP 大于世界的 20%，资源消耗和环境影响小于世界的 20%。现在还不是这样的情况，GDP 在 14% 左右，主要资源消耗多大于 40%。因此在人口一定的情况下，把经济规模做大，把资源环境影响做小，是中国可持续发展的奋斗方向。

228）复杂一点研究可持续发展，需要看时间序列上的三者互动及其演变。例如中国当前的二氧化碳排放，总量排放逼近 100 亿吨超过世界四分之一，人均排放逼近 7 吨超过了 5 吨左右的世界当前人均水平。但是从世界开始应对气候变化的基准年 1990 年以来进行累计，中国的人均二氧化碳排放是低于世界人均水平的。

229）两两关系中，开始时我研究比较多的是经济与环境之间的资源生产率。最初兴趣来自参与翻译霍肯等著的《自然资本论》(1999)。这本书提出自然资本论是以绿色为特征的新工业革命的核心，提出资源生产率、仿生学、服务和流通、对自然资本投资等四条绿色经济转型路径，其中提高资源生产率居于首位。

《自然资本论：关于下一次工业革命》，P. 霍肯（P. Hawken）、A. 洛文斯（A. Lovins）、H. 洛文斯（H. Lovins）等著，1999年出版。本书是有关自然资本和绿色经济的开创性著作，认为世界正处在绿色导向的新工业革命的前夜，绿色商业对于塑造可持续性未来具有重要作用，政府、企业和社会要从关注和投资自然资本中获得收益。

230）后来我的研究延伸到环境与社会之间的关系，发现用三条边的互动可以把绿色经济与绿色发展这些平时混在一起的概念讲清楚，放在统一的框架中进行理解和区别。绿色经济是投入一定的自然消耗获得的经济产出，可以用资源生产率或者生态生产率表示即 GDP/EF；绿色发展是投入一定的自然资本消耗获得的人类福祉，可以用生态福利绩效的概念表示即 HDI/EF。

231—240：内罗毕会议有彻悟

231）相当长时间，我坚持用三者相交模型解读可持续发展。但是2008年到内罗毕参加国际生态经济学大会，发现这样的看法是不被搞强可持续性的人接受的。我大会发言讲循环经济，说可以用资源生产率衡量绿色进步，讲完后掌声响了很长时间。然后维也纳的社会生态学教授Marina Fischer-Kowalski上台发言，开口就说提高资源生产率不是稀奇的事情。

Marina Fischer-Kowalski，1971年获维也纳大学社会学博士学位，现为维也纳社会生态学研究所教授，曾任国际产业生态学学会和国际生态经济学学会主席。她发展了社会与自然互动的理论模型，用来分析人口和经济增长带来的资源消耗和环境影响。2011年主持了联合国环境署的研究报告《让自然资源和环境影响与经济增长脱钩》。

232）Fischer-Kowalski的研究成果证明，历史上的经济增长和科技进步都伴随着资源生产率的提高，但是物质资源消耗并没有减少。因为资源生产率提高会带来反弹效应，导致更多的资源消耗和环境影响。因此搞可持续发展只提高资源生产率是不够的，关键是控制资源环境总量和人均资源消耗，在资源环境消耗不超过阈值的情况下实现经济社会繁荣。

233）我突然意识到我研究可持续发展原来没有注意到的一个思想矛盾。一方面，读了Daly有关稳态经济的思想，我认同地球上的关键自然资本具有不可替代性，人类应该在地球生物物理极限内追求经济社会繁荣；另一方面，研究循环经济等绿色经济，没有想过单纯强调资源生产率是不能保证增长发生在地球极限之内的。

234）内罗毕会议使我的思想有了顿悟，认识到可持续发展的新意不是简单的效率改进，这是传统经济学一直强调的东西，而是要控制资源消耗和环境影响的规模。于是开始转向三圈包含模型，强调经济、社会、环境是依次被包含的关系，环境包含社会，社会包含经济，经济社会是生态环境的子系统。

235）回来后正好读到新鲜出炉的《没有增长的管理》（2008）和《无增长的繁荣》（2009）等书，真正认识到了强可持续性与弱可持续性的差异。强可持续性是三圈包含模型，主张极限内的发展（development within limit）和没有资源环境透支的经济社会繁荣；弱可持续性是三者相交模型，主张没有极限的增长（growth without limit），强调经济增长没有物理约束。

《没有增长的管理》，P. A. 维克托（P. A. Victor）著，2008 年出版。指出经济增长并不是社会繁荣的良药，指出我们能否在没有经济增长或者经济增长缓慢的情况下实现社会繁荣，解决经济、社会、环境之间的冲突，本书用一种“稳中求进”的新视角讨论了经济增长与社会分配和环境和谐之间的关系。

《无增长的繁荣》，T. 杰克逊（T. Jackson）著，2009 年出版。指出地球的能源和环境承载力是有限的，以过度物质消费刺激经济增长的做法是不可持续的。必须把繁荣和幸福与强调经济增长的 GDP 分开，经济增长对于最初的发展是必要的，但是物质积累达到一定强度，需要转向无增长和低增长的繁荣。

236）我用生态效率和生态效益的概念区别可持续发展的强与弱，指出弱可持续性强调生态效率导向的技术创新，是沿着原来的方向做资源环境的效率改进；而强可持续性强调生态效益导向的技术创新，是要在全新的方向做毁灭性的绿色创新。两者的区别如德鲁克讲，生态效率是正确地做事，生态效益是做正确的事情。

237）我开始发现许多人对可持续发展的理解是效率导向的。2009 年到纽约参加联合国环境署的绿色经济研讨，问绿色经济报告主持人重点是关注效率还是效益，回答是前者。2011 年到布鲁塞尔参加欧盟绿色经济会议，我发言说绿色经济需要有强可持续性原则。坐在旁边的联合国环境署的一哥说我对绿色经济的理解深刻。

238）国内很长一段时间政府有政策补贴消费者买小排量汽车，以为可以减少环境影响。我参加政策咨询会议，用反弹效应概念指出小排量汽车的绿色效应是微观意义上的，如果不控制汽车消耗总量，那么单个汽车的绿色改进就会被大量使用者的增加而抵消，因此国家的宏观政策需要从控制强度提升到控制总量。

239）从三圈包含模型，我进一步认识到，推进可持续发展需要制定三类独立政策。与环境有关的是生态规模政策，即经济社会发展可以接受的资源环境红线是多少；与社会有关的是公平分配政策，每个人可以消耗的人均生态足迹应该是多少；与经济有关的是效率改进政策，技术如何提高资源生产率。

240）现在我写文章作报告，特别注意区别三种不同意义的绿色，强调可持续发展是深绿变革。漂绿或伪绿是假装搞绿色，例如国内当下一些地方和企业口号减碳，搞碳达峰没有基础核算没有发展指标；浅绿是有示范项目的局部效率改进，但是资源环境的规模在扩张；深绿是用总量控制倒逼发展模式系统性地绿色化。

241—250：对罗马俱乐部的误解

241）三圈包含模型的学理基础，即经济增长的物质规模受到生态环境的制约，来自 Daly 和罗马俱乐部的研究。1968 年 Daly 在《美国政治经济学》杂志发表了他的稳态经济理论。1972 年罗马俱乐部出版了《增长的极限》一书。现在有人认为正是他们的思想导致了可持续发展概念，建议 Daly 和罗马俱乐部应该获诺贝尔经济学奖。

罗马俱乐部（Club of Rome）：成立于1968年4月，研讨全球问题的民间智囊组织。创始人是意大利实业家A.佩切伊和英国科学家A.金。宗旨是研究未来的科学技术革命对人类发展的影响，阐明人类面临的主要困难以引起政策制订者和舆论的注意。罗马俱乐部1972年出版的第一份研究报告《增长的极限》被认为是可持续发展的先声。

《增长的极限》，德内拉·梅多斯（Donella Meadows）、J.兰德斯（J. Randers）、丹尼斯·梅多斯（Dennis Meadows）等著，1972年出版。该书很长时期被主流经济学家批评为是20世纪的计算机马尔萨斯。但是几十年过去，人们认识到了它的重大意义，认识到经济增长的物理规模不可能无限扩张，生态过冲会给人类社会造成严重的影响。

242）但是Daly和罗马俱乐部的思想在主流经济学中至今仍然被认为是另类。参加国内外会议，每当有人谈到控制经济增长的物质规模，就会有人说这是马尔萨斯和罗马俱乐部的悲观论。Daly在《超越增长》中谈到，时任世界银行首席经济学家Summers认为把经济系统放在生态系统里面考虑问题“不是经济学的思维方式”。

243）1980年代我给博士生讲科技革命与社会发展的全校公共课，读罗马俱乐部和《增长的极限》是随便翻翻，也随大流认为他们是低估科技进步意义的悲观主义者。搞了可持续发展之后再去研读原著，以及后来在达沃斯开会遇到丹尼斯·梅多斯本人，再后来结识兰德斯有过几次讨论，才感到当初对罗马俱乐部的看法是误解和偏见。

244）2012年兰德斯出版《2052：未来四十年的世界》，我邀请兰德斯来学校做报告，给中译本写长篇评论文章附在书后并发表于《文汇报》。我说，如果新古典经济学代表了传统的增长范式，罗马俱乐部提出了极限范式，可以看到宝刀不老的原作者兰德斯在《2052年》一书中划清了对极限范式的三个误解，进一步强调了发展范式转化的迫切性。

《2052：未来四十年的世界》，J. 兰德斯（J. Randers）著，2012年出版。该书就经济、能源和气候、城市化、穷富差距等问题，对未来四十年的世界发展进行预测。认为世界在能源效率方面将看到深刻的进步，我们会更多地关注人类福祉而不是人均收入增长；但最贫穷的人口仍然生活在穷困当中，全球变暖也可能进一步发展甚至失去控制。

诸大建（2013）：兰德斯是过去40年三次参与撰写《增长的极限》的主要作者之一。这次写《2052：未来四十年的世界》是要展望未来40年的世界和中国。因此，将本书与40年前《增长的极限》作比较，看看有什么相同和不同应该是有趣的。特别是兰德斯的新著，对美国、中国、OECD国家、BRISE国家以及世界其他地区的未来发展趋势有详细讨论，看看世界著名的极限学派怎样看中国，也是有趣的。这里从三个方面谈谈对《2052》的看法，做一些比较。[①]

245）把极限范式看作反增长是过去40年的第一个误解。研究可持续发展要区分增长与发展，物质意义的增长是有极限的，而非物质意义的发展是没有极限的。例如，地球气候吸收二氧化碳排放的能力是有限的，但是人们对发展质量的追求可以是无限的。这个道理，如同人的个子在年轻的时候有物理性增长，成熟后转向没有物理增长的体质发展是一样的。

246）增长经济学反对把经济系统放在环境系统中考察，这在主流的经济学教科书到处可以看到。《增长的极限》认为经济系统是自然系统的子系统，生态系统对于经济系统的意义，表现为作为源的资源输入（source）和作为汇的污染吸收（sink）。在有限的地球生态系统内，物质要有无限的指数增长是不现实的。

247）认为极限范式是在宣扬和倡导悲观主义，是第二个历史性的误解。兰德斯在新著中写了一段话："我不是一个乐观主义者。因此，我不相信一切都会顺利。但我同样也不是一个悲观主义者。这意味着，我并不会相信一切都会出问题。我是一个充满希望的人。这是因为没有希望，就绝不会有进步。希望像生命一样重要。"

---

① 诸大建，从"增长的极限"看中国发展．文汇报，2013年10月29日．全文作为附录载J.兰德斯著，2052：未来四十年的中国与世界．南京：译林出版社，2018.

248）一般地说，对于经济与环境的关系可以区分三种态度。唯增长主义往往是乐观主义者，认为通过技术创新和市场价格可以调控资源环境稀缺；极端环境主义往往是悲观主义者，认为技术和市场无法解决自然资本的绝对稀缺。而极限范式属于包容经济与环境两者的现实主义范式，要求增长应该在环境承载能力之内展开。

249）认为极限范式鼓吹世界必然走向崩溃，是第三个想当然的误解。极限范式强调社会发展有两种不同的超越极限状态。一种是没有控制的超越极限，这样的结果是走向崩溃。例如20世纪60年代人们已经注意到气候变化对于人类的严重影响，但是直到1997年世界才签订京都议定书。今天有关低碳发展的一些政策仍然被抵制执行或者打折扣，就是社会对于气候过冲问题的懈怠。

250）另一种是有管控的减少增长或下降（managed decline），在过冲出现的时候主动减少经济增长。在这种情况下，人类社会将更多地从关注人口增长和人均物质消耗增长即GDP规模的扩展，转向物质消耗稳态状态下的福利增长。研究可持续发展的意义就是要主动进行有管理的下降，或者说繁荣地走向衰退。

251—260：甜甜圈经济学

251）2008年内罗毕会议绝对是我的学术幸运，思想转换到了强可持续性和三圈包含模型之后，气脉通畅地遇到了甜甜圈经济学等三项重要理论进展。第一项是 2009 年洛克斯特伦领导的研究小组发表 2 篇论文，提出了“地球行星边界”（Planetary Boundaries）的概念。其中一篇论文以“A safe operating space for humanity”为题发表在《Nature》杂志。

J. 洛克斯特伦（J. Rockstrom），1997 年获瑞典斯德哥尔摩大学系统生态学博士学位。现为斯德哥尔摩大学韧性研究中心教授，主要研究水资源、地球生态系统服务、韧性发展等。2009 年提出地球行星边界概念，成为研究全球可持续发展目标的新方法，给强可持续性观点追求有关地球生态极限内的经济社会繁荣提供了支撑。

252）洛克斯特伦是瑞典斯德哥尔摩大学的教授，他领导的 28 人科学团队包括提出人类世概念的诺贝尔化学奖得主 Paul Curtzen 等。他们考察九种主要的生态系统服务功能，发现其中四种已经超过了生态天花板。他们指出在地球行星边界内人类及其子孙后代可以繁荣发展，超过这个边界会出现突发性和不可逆的环境风险。

253）地球行星边界的概念在 2012 年里约 + 20 可持续发展峰会上成为流行。联合国后来用新的全球可持续发展目标 SDGs（2016—2030）代替 2015 年到期的千年发展目标 MDGs（2000—2015），提出制定新目标要对地球行星边界问题有足够考虑。主流经济学家 Sachs 在他解读可持续发展的书中也引入了这个概念。

254）第二项是参加里约 +20 读到英国 Raworth 的甜甜圈经济学文章。Raworth 觉得人类安全运作空间，上面要有 9 种地球资源环境指标组成的生态天花板，下面还应该有 11 种人类生存权利组成的社会经济基础。一上一下两个边界形成甜甜圈即可持续发展的人类运作空间，往上是生态不安全的，往下是社会不公平的。

K. 拉沃斯（K. Raworth），获剑桥大学经济学博士学位。现为牛津大学环境变化研究所高级研究员，联合国开发署海外发展研究所研究员。2012 年提出了甜甜圈经济学概念，2017 年出版《甜甜圈经济学》一书。拉沃斯的甜甜圈经济学挑战主流经济学的经济增长理论，提出了可持续发展经济学的七条原理。

255）我读 Raworth 的论文，首先是受到甜甜圈图像的视觉冲击。在澳大利亚访学的时候第一次吃到甜甜圈，觉得用甜甜圈这样的隐喻表达可持续发展的思想既贴切又入眼入脑。Raworth 自己也说，“2011 年我第一次画出甜甜圈，它引发的国际反响让我大吃一惊，我才意识到视觉框架的力量是多么强大”。

256）2014 年到伦敦参加 EMF 的循环经济年会，茶歇时候交流，身边一位穿黑色套装的女士递给我一张名片，上面印着甜甜圈图片，于是就认识了 Raworth。我说我很喜欢甜甜圈经济学的概念，交谈中在名片图片上画了它对不同国家不同的转型意义。当时得知她在撰写甜甜圈经济学的书，回来后收到了她寄来的写书提纲。

257）Raworth 提到，地球行星边界概念对她提出甜甜圈经济学具有重要的思想催化作用，而她的甜甜圈经济学又对联合国制定 SDGs 产生了影响。据说 2015 年在敲定 SDGs 最后文本的深夜会议上，专家研讨的桌子上就是放着甜甜圈的图片。有人强调要在地球行星边界和甜甜圈经济学的范围里实现全球可持续发展目标。

258）2012 年以来我用甜甜圈经济学解读可持续发展，认为它把强可持续发展的三圈包含模型又往前推进了一步，可以用来解读和区别布朗提出的 B 模式和我提出的 C 模式的差异。B 模式是发达国家超过了生态天花板要回到中间的可持续发展区域，C 模式是发展中国家要超越社会基础但是不要超越生态天花板。

259）我的博士生到牛津大学访问学习，在那里偶遇 Raworth。她正好历时 5 年完成《甜甜圈经济学》一书。学生说我的老师经常在学生中和学术界介绍你的甜甜圈经济学。她听到是我，马上给我快递寄来一本签名书，并希望我可以给拟议中的该书中译本写序。可惜的是该书中译本没有作为学术书出版。

260）第三项进展是2018年罗马俱乐部50周年，兰德斯与洛克斯特伦合作发表研究报告《转换是可行的》，报告在地球行星边界和甜甜圈经济学的范围内分析联合国的全球可持续发展目标，认为按照一切照旧模式要同时实现SDGs中17个目标是有困难的，提出要采用新的情景在地球行星边界的范围内推进SDGs。

261—270：经济增长的福利门槛

261）与经济增长有生态门槛的问题有互补性，2008年内罗毕会议让我着迷思考的另外一个问题是福利门槛问题。会上两个报告在我心里打下印记。一个是福利门槛提出者Max-Neef（1932—2019）在会上作的博尔丁奖获奖报告，另一个是澳大利亚学者有研究说包括中国在内的东亚国家经济增长不到福利门槛就收益递减了。

262）传统经济学相信，GDP增长可以带来福利增长。一个代表性的研究是后来因气候经济学研究获诺奖的Nordhaus等人做的。他们在1972年的论文《经济增长是没有意义的吗？》中说，对1925—1965年40年间世界数据的计量研究表明经济增长与福利增长是正相关的：GNP每增加6个单位，经济福利就增加4个单位。

263）经济增长的福利门槛，是说到了一定的阶段，经济增长就开始与生活质量脱钩了。Max-Neef在1995年发表论文《经济增长和生活质量》提出了“门槛假说”(Threshold hypothesis)。认为“经济增长只是在一定的范围内导致生活质量的改进，超过这个范围如果有更多的经济增长，生活质量也许开始退化”。

264）生活质量可以用客观指标如真实进步指数（Genuine Progress Index）、人类发展指数或主观的生活满意度进行测量。1990 年代以来许多人进行了这方面的实证研究。有人发现，自从 1950 年人均 GDP 超过 1 万美元以来到现在，美国和英国的人均 GDP 增长了 3 倍，但是真实进步指数和生活满意度再也没有增加。

265）有人用世界上 141 个国家的数据，发现用人均购买力平价计算的人均 GDP 达到 2 万美元是一个门槛值，超过这个门槛，更多的人均 GDP 增长不会带来更多的幸福增长。因此发达国家持续地消耗自然资本提高经济增长实际上是没有意义的。建议的做法是富国需要保持生活质量但要减少物质消耗，腾出空间留给发展中国家。

266）内罗毕会议让我听了感到吃惊的一个研究报告是澳大利亚学者做的，发现东亚国家在不到人均 GDP 2 万美元的时候，经济增长的福利贡献就开始递减了。回来后我与博士后用 1980—2005 的中国人均 GDP 和人类发展指数做实证，发现中国发展仍然处在经济增长带来福利增长的上升通道中，但经济增长对福利的边际贡献在变小。

267）对生态门槛和福利门槛的研究，使我对可持续发展的三条曲线有了大道至简的认识，写论文指出可持续发展与传统经济增长的根本分野在于：因为生态门槛和地球边界的存在，因此无限的经济增长是不可能的；因为福利门槛的存在，因此无限的经济增长也是不必要的。两者互补，证明可持续发展的精髓是追求有节制的经济增长。

诸大建（2011）：从数量扩张的增长模式转向质量提升的发展模式，是中国未来30年转型发展的核心问题。本文讨论了20世纪90年代以来可持续发展在三个关键课题上的研究进展。在经济增长与社会福祉的关系上，指出经济增长对于社会福祉的贡献存在着门槛，跨过这个门槛经济增长对福利贡献的边际效用开始递减；在经济增长与资源环境的关系上，指出经济增长没有导致资源环境消耗的倒U形曲线，在自然资本存在限制的情况下无限的经济增长是不可能的；在政府支出与民生发展的关系上，指出公共支出增大并不必然导致社会福利的提高，而公共支出的结构与方式对民生发展却是极其重要的。在对每个问题分析事实依据、原因解释、政策意义的基础上，针对中国转型发展提出了一些具有长期意义的理论思考与政策思考。①

268）因此实现可持续发展，就是要实现两个意义上的脱

① 诸大建，可持续发展研究的三个关键课题与中国转型发展．中国人口、资源与环境，2011，21（10）：35—39.

钩。一个是在生产的意义上，要实现经济增长与物质消耗的脱钩，从线性经济到循环经济，从高碳经济到低碳经济，要研究实现生产方式变革的路径是什么；另一个是在生活的意义上，要实现生活品质与经济增长的脱钩，要研究如何从追求富裕和更多升级到追求繁荣和更好。

269）因为存在着生态门槛和福利门槛，不管城市、国家还是整个世界，发展看起来都需要分为两个阶段。讲课作报告，我用麻将理论作解读，先是物质扩张和经济增长的资本积累阶段，这是摸麻将做大蛋糕，发展中状态属于此；后是经济稳定和福利增长的资本运作阶段，这是换麻将分好蛋糕，发达状态属于此。麻将胡了就是赢了，听者听了常常会心笑起来。

270）我研究可持续发展，当然要把理论感悟用于自己，觉得人生同样要有两个阶段。没有财务自由以前，挣钱的意义高于生活，to live to work；达到一定的财务自由目标之后，自由生活才是重要的，to work to live。现在碰到邀请出去讲课、兼职等事情，我首先考虑的问题是是否有意思，有意思的事情没钱也可以，没有意思的事情有钱也婉谢。

271—280：从充电到放电

271）巴斯德型学者的乐趣，是理论思维的感悟可以导致政策研究的新见和预见。研究可持续发展从分列模型到相交模型再到包含模型，每一次思想提升都给我带来从充电到放电的快乐感。理解理论模型是充电，思考政策问题是放电。理论思维提高了，参与政府决策咨询讨论有关政策问题，我常常可以说出一些有新意的话来。

272）1995年，第一次走出学校象牙塔，体验学术研究与政策研究之间的互动。参与发改部门编制《21世纪议程上海行动计划》，从上到下都是摸着石头过河。有人说21世纪议程行动计划要围绕人口—资源—环境展开，我则认为可持续发展有自己的逻辑，国际上的通行做法是要划分经济、社会、环境三部分。我的建议被采纳了。

273）可持续发展概念纳入九五规划，我频繁被邀请出去做报告，主持撰写《走可持续发展之路》、《为了上海的明天——上海可持续发展的理论与实践》、《不可持续的生活方式100例》等书，在电视台主持理论节目谈发展。所有这些活动，我都强调可持续发展关注经济、社会、环境三个系统，而不是误解为只讲生态环境保护。

274）1997年上海科技节的主题是走可持续发展之路，我被科协邀请当学术顾问。科技节闭幕式有一个生活垃圾分类的插曲，我做嘉宾进行解读，用可持续发展的三个要素讲解垃圾回收利用的三重意义，说垃圾回收利用有经济效益，社区公众参与垃圾分类与回收利用有社会效益，垃圾分类本身具有环境效益。

275）2005年国家编制十一五规划，第一次把万元GDP的能源强度作为约束性指标。这之前，我已经基于可持续发展的三者相交模型，有前瞻性地发文章做报告谈资源生产率和生态效率问题。这方面的研究对学术界和决策层产生了影响，国内发展规划用资源生产率衡量循环经济的成效是从那个时候开始的。

276）从资源生产率入手，我发文章讨论了中国环境与发展的关系及其三种情景，即环境影响取决于经济增长与资源生产率的关系，如果经济增长率大于资源生产率，环境影响就增长；反之就减少。如果要保持环境影响不增长即达到峰值，就需要使得两者大小相等，方向相反。

277）当时有口号说要在2000年左右遏制生态恶化的趋势，我从资源生产率与经济增长率的关系分析，认为实现这个愿望要到2020年以后才有可能。实事求是提出从2001到2020年，如果经济增长翻两番是2000年的四倍，那么环境影响只增加一倍就是成功，我称之为是倍数2的中国发展C模式。

278）2008年内罗毕会议之后，我的可持续发展思维提升到了三圈包含模型。2010年上海世博会，主题是“城市让生活更美好”（Better City，Better Life），我参加世博会的论坛作演讲，给国际展览局会刊写文章，用可持续发展三圈包含模型解读城市美好生活的含义，强调要在生态承载能力之内提高经济社会福祉。

279）2009年哥本哈根气候会议研究后京都行动，中国提出了2005年为基准年的碳强度改进目标。会议一结束文汇讲堂就请我作演讲，我说这是中国发展向低碳转型迈出的重大一步，我从三圈包含模型有预感，说中国早晚会进一步从强度控制走向总量控制。2015 年看到政府提出了到 2030 年二氧化碳排放要达到峰值的高目标。

280）基于三圈包含模型，我认为上海城市发展的空间结构应该有三个明确的功能区，即生态绿色功能区、农业生产功能区、城市居住和工业功能区。这个看法先是用于崇明生态岛，强调做规划要生产、生活、生态三生协调。后来担任上海 2035 总体规划咨询专家，很高兴见到上海到 2035 年规划建设用地要实现零增长。

281—290：中国五年发展规划思想演进

281）清华大学主报告厅，全国发展规划研讨会，我大会发言从可持续发展的视角谈中国五年发展规划的思想演进，指出改革开放以来中国五年发展规划有三次跃迁。我的用意是说五年发展规划是中国推进可持续发展的独特方式，从可持续发展可以看到五年发展规划的发生发展和改革方向。下来后有人说讲得好，有新意有启发。

282）我把五年发展规划看作可持续发展理论与中国发展思想进行对话的最好窗口。一开始搞可持续发展，我就介入了上海九五规划的一些研制工作。进入新世纪，我连续担任了上海从十五规划到十三五规划全面小康社会建设阶段的四次规划专家，从中看到了中国的发展观念发展规划是如何与可持续发展相向而行的。

283）中国搞五年规划最初是学习前苏联，现在已经摆脱传统的计划经济模式，成为有战略意义的国家发展规划。改革开放前，主要是安排工农业项目的国民经济计划。改革开放后，从 1980 年六五规划起改名为国民经济和社会发展计划，增加了经济之外的内容。1996 年的九五计划引入可持续发展概念加强了资源环境的内容。

284）从可持续发展三个思想模型的角度看，中国的发展规划有三次重大的变革。第一次是九五规划，第一次基于可持续发展概念把资源环境生态方面的内容从原来的社会发展部分中单列出来。我写论文论述过科教兴国与可持续发展是中国发展的两大战略，那是我第一次获得上海的哲学社会科学优秀成果奖。

285）九五规划按照可持续发展概念安排了经济、社会、环境三个方面的内容，但是对三者之间的相互关系还没有形成深刻认识，讨论资源环境问题是在生产与消费之外的末端管理思维。2005 年十五规划末，中国单位 GDP 的能源消耗高得吓人，发现过度发展重化工业，使得能源消耗大大超过了原来的预期。

286）2006 年开始的十一五规划，提出要把降低单位 GDP 能源强度和提高资源产出率作为约束性指标。这是第一次在传统的劳动生产率和资本生产率之外强调资源生产率。从十一五规划开始，中国的发展规划有了可持续发展三者相交模型的特征。实际上中国现在的二氧化碳达峰目标都是以 2005 年为基准年计算的。

287）五年发展规划真正具有三者包含模型的意味，是从 2015 年研制十三五规划开始的。2012 年党的十八大确立了五位一体的发展观念，即中国的社会主义现代化建设包括经济建设、政治建设、文化建设、社会建设、生态文明建设五大领域。与此相应，中国式现代化有十个字的发展目标即富强、民主、文明、和谐、美丽。

288）十三五规划开始强调对资源环境问题要强度控制与总量控制并举，要把总量控制的思想从污染控制领域扩展到源头的资源和生态领域，用资源、环境、生态红线优化经济发展模式的思想开始鲜明化和系统化。例如在耕地保护上强调了 18 亿亩耕地是底线；在二氧化碳排放上强调了到 2030 年要达到峰值。

289）2020 年研制十四五规划，最精彩的是要以三区三线进行国土空间规划，为整个发展打好可持续发展的空间基础。其中，生态空间和生态保护红线是要提供生态产品和生态服务，保证生态安全和气候安全；农业空间和永久农田红线是要提供农业产品和农业服务，保证粮食安全和农村安全；城市空间和城镇增长边界是要保证人类住区和工业生产，推进有韧性的城市化。

290）我庆幸看到中国五年发展规划的思想在向可持续发展的方向跃升。对照起来，国外搞可持续发展，理论判断与政策实施常常是分裂的，研究者强调经济社会发展要在地球行星边界内健康进行，政策实践却趋向于没有物质约束的经济增长。中国故事是理论与实践的双向赋能，是真抓实干在推进和发展可持续发展。

291—300：如果 Daly 经济学获诺奖

291）我是国际生态经济学会（ISEE）会员，曾任 2017—2018 年度 8 人主席团成员，兼任国际生态经济学杂志的国际编委。有一段时间每年都要收到 ISEE 资深成员提名 Daly 和罗马俱乐部获诺贝尔经济学奖或诺贝尔和平奖的邮件，我积极附议，希望看到诺贝尔经济学奖能够与世界可持续发展的思潮相合拍。

《超越不经济增长》，J. 法利和 D. 马尔干（J. Farley and D. Malghan）著，2016 年出版。这是可持续性发展的一批前沿研究者出版的纪念生态经济学先驱 Daly 所作贡献的纪念文集。该书以 Daly 理论作为基本点，讨论了 Daly 稳态经济学对可持续发展科学的贡献，讨论了可持续发展研究中的经济、公平与生态问题，展望了可持续发展研究的过去、现在与未来。

292）希望 Daly 和罗马俱乐部能够获诺奖，我的期盼是，联合国倡导并得到各国认同的可持续发展乃至中国的生态文明，应该有公认的学术理论支持，而现在的新古典经济学思想与可持续发展的精神有冲突。如果 Daly 能够获得诺贝尔经济学奖，我会觉得当年翻译 Daly《超越增长》中文本是太有价值的事情。

293）ISEE 的提名活动持续了将近 10 年左右时间。2009 年研究公共池塘物品的政治经济学家 Ostrom 获得诺贝尔经济学奖，受此激励，我以为可持续发展经济学已经进入了诺奖视野。Ostrom 研究公共池塘问题，指出社区治理是政府管制和产权私有化之外的第三种可能，对可持续发展导向的治理研究有重要贡献。

294）很长一段时间，出国开会或是国外有人来，我都会问这件事的可能性，得到的回答不是乐观的。有一次从德国的乌帕塔尔开完会到瑞士达沃斯参加世界资源论坛，路途上与一位资深美国女经济学家有很多交流，她直截了当说不可能。说 Daly 很少在主流的 AER 等杂志发论文，主流经济学对生态经济学的研究不以为然。

295）不过 ISEE 的一些核心成员不这样认为。2008 年参加内罗毕会议，时任 ISEE 主席、巴塞罗那的 Alier 教授说，Daly 一开始就在经济学顶刊发了文章，一篇是 1968 年 JPE 上的《作为生命科学的经济学》，另一篇是 1974 年 AER 上的《稳态经济学》。此外 Ayres 1969 年在 AER 上的《生产、消费与外部性》的论文也是经典。

296）提名活动因为耶鲁研究气候经济学的诺德霍斯获得

2018 年诺贝尔经济学奖而进入低谷。这以前大家传说诺贝尔经济学奖会关注环境与发展，斯蒂格利茨等多次写文章说资源环境经济学是需要强调的领域。但是当花落作为新古典经济学研究者的诺德霍斯之手的时候，我感觉搞可持续发展理论的学者们是有点泄气的。

297）对此我的分析有二。一方面是主流经济学对可持续发展经济学强调的自然资本构成经济增长的物理极限不认同，认为技术进步和市场价格能够化解问题；另一方面是主流经济学不认为生态经济学的研究是经济学，后者的研究范围和方法大大超越了新古典经济学，ISEE 的学者们强调可持续发展是交叉科学研究。

298）即便 Daly 的学说得不到诺贝尔经济学奖，许多人相信经济增长存在物理极限的看法得到了越来越多的证明。当下全球联合应对气候变化，各国志愿行动减少二氧化碳排放，就是承认地球二氧化碳吸收能力存在极限，因此经济增长需要在气候红线里进行。一些主流的经济学教材也开始反传统地讨论这个问题。

299）其实，中国有关生态文明的政策和实践可以对 Daly 理论提供某种意义的支持和发展。2020 年中国共产党的五中全会有关十四五规划和 2035 年全面建设社会主义现代化国家的文件，第一次提出了发展与安全的大问题，第一次强调了发展需要守住自然生态安全边界，第一次强调了经济社会发展需要全面绿色转型。

300）中国发展概念重视可持续发展有关极限内繁荣和三圈包含的思想，在政策应对上强调发展要有生态红线、资源上线、环境底线，发展要有三区三线即生态保护区和生态保护红线、农业生产区和永久农田红线、城市发展区和城市增长边界。在资源稀缺的情况下，发展需要加强政府干预。这些在中国实际中行之有效的做法无法在西方新古典经济学中得到解释。

4

可持续发展需要管理：301—400

读 Costanza 等人写的书《生态经济学导论》(1997)，说生态经济学是“可持续发展的科学与管理”，我眼睛一亮，觉得把管理当作学科整合的手段研究可持续发展非常好。

301—310：可持续发展要管理

301) 多年前买到 Costanza 等人写的书《生态经济学导论》(1997)，说生态经济学是“可持续发展的科学与管理”，强调生态经济学或可持续发展经济学不是狭义的“经济学”的研究，而是包容经济、社会、环境、伦理、政治等多学科、多路径的跨学科研究。我眼睛一亮，觉得把管理当作学科整合的手段研究可持续发展非常好。

R. 科斯坦萨（R. Costanza），1949 年生。澳洲国立大学公共政策学院教授，国际生态经济学会等 13 个国际学术团体的创始人。1997 年在 Nature 杂志发表《世界生态系统服务和自然资本的价值》一文，成为生态系统服务研究的领军人物，著有《生态经济学导论》(1997）等。近年来，经常到中国访问讲学，与国内可持续发展和生态经济学研究者有广泛交流。

302）2000 年我开始招收可持续发展与管理方面的研究生，强调从管理学视角用系统方法做整合研究是可持续发展的蓝海和方向。可持续发展是经济、社会、环境多目标协调的发展，当时经济、社会、环境各个学科各自为政做研究的多，从系统思维进行整合研究的少。这个想法后来得到学校的支持，我牵头成立了可持续发展与管理研究所。

303）做研究，我相信要有学科但是不能太有学科。研究对象被区别为各种学科是人为的，最初要有学科是为了分门别类进行分析，深入之后总是要进入综合集成阶段，过度强调学科界限是狭隘的。特别是，可持续发展这样的发展研究，单一学科的研究成果完全无法解释宏观整体的图像，需要运用管理研究与系统科学的理论和方法进行整合。

诸大建（2000）：以 1990 年代以来国际社会确立可持续发展战略为标志，二战后兴起的发展研究（Development Studies）进入了具有跨学科（inter-discipline）意义的变革阶段。可持续发展是当前真正具有综合集成意义的第一个发展理念。在此基础上进一步推进整合发展的思想深化和范式建构，将是21世纪学术研究的重要方向。基于这一认识，本文从五个方面对发展研究的综合集成轮廓及其思想要义作了探索性的勾勒和评论。①

304）1980年代初读研究生，系统学的老三论即系统论、信息论、控制论在国内兴起，导师是这方面的专家和倡导者，我潜移默化受到影响，从那以来形成了看问题要有系统思维的习惯。我觉得，用系统思维作为元工具和元方法，对可持续发展的思想进行整合研究，符合自己的兴趣，发展也会比较快。

305）参加政府决策咨询给政府建言献策，我体会制定大大小小的发展规划和发展政策，无不涉及如何协调经济、社会、环境三者之间的关系。中国发展越深入，越需要有可持续发展的理论和方法作指导，觉得可持续发展的新发展理念亟待深入到政府、企业、社会组织的管理实践中去。

306）当时正好筹建MPA新专业，站在国内外发展的潮头上做管理研究新学科，我觉得宏观管理和公共政策特别需要面向可持续发展。同济作为理工院校与传统文科大学搞公共管理要有差异，要率先尝试把可持续发展的新理念新方法，融入到公共管理的理论与实践中去，发展面向可持续发展的

---

① 诸大建，发展研究——世纪之交的整合化趋势．江海学刊，2000，（05）：32—37.

公共管理新学科。

307）研究可持续发展与管理，我重视两个方面。一个是用管理学的元理论元方法研究可持续发展，用系统思维对可持续发展的思想进行整合，建构可持续性发展的理论框架；另一个是从可持续发展的理论和方法思考社会、组织、个人自我三大管理，使得传统的管理能够适应可持续发展的大趋势。

308）回过头去看，对可持续发展管理的研究和感悟，从浅入深有总—分—总三步曲。第一步是拉出对可持续发展与管理研究有总揽性的工作模型，为后续的细化思考和领域研究打基础。1999 年到 2001 年的三年间，我一边参与政策咨询，一边读书思考看文献，逐渐在头脑中形成了一个基于对象—过程—主体的分析框架。

309）第二步是细化研究可持续发展管理的三个层次。与德鲁克的社会管理、组织管理、自我管理有对应，我觉得要从外到内有逻辑联系地研究可持续发展的社会管理、可持续发展的组织管理、可持续发展的自我管理。后来读到荷兰卡瓦尼亚罗等写的《可持续性的三个层次》（2012）一书，有所见略同的感觉。

《可持续性的三个层次》，E. 卡瓦尼亚罗（E. Cavagnaro）等著，2012 年出版。讨论了可持续发展管理的三个层面。可持续的社会管理，讨论经济发展、环境保护和社会公正等问题是如何产生的。可持续的组织管理，讨论组织在可持续性三个维度上的发生发展。可持续的个人管理，讨论可持续性与领导力及其与组织管理和社会管理的关系。

310）第三步是研究可持续发展的合作治理，觉得合作治理有整合性，应该成为可持续发展的第四个支柱。最初研究可持续发展与管理，只是觉得政府、企业、社会组织等各类组织需要把可持续发展纳入管理之中，需要各自不同的管理变革。后来觉得可持续发展管理最本质的是合作治理，没有组织之间的合作是不可能实现可持续发展的。

311—320："三个全"的分析框架

311）研究可持续发展，我建立了以对象—过程—主体为顶点的三角形工作模型和分析框架，后来读到物理—事理—人理即 WSR 方法论大有殊途同归的感觉。从对象维度讨论可持续发展中的经济、社会、环境三者关系是研究物理，从过程维度讨论可持续发展的因果结合和全过程管理是研究事理，从主体维度讨论政府、企业、社会组织等组织之间的合作是研究人理。

312）从读研究生起，我就关注钱学森先生倡导的系统科学体系和系统科学方法论，用系统思维写过自然哲学研究的小论文。1978 年钱学森发文章说系统工程是处理物理，运筹学是处理事理。他与在美国的系统工程专家李跃滋通信交流，李建议要加上人理。多年后顾基发等出版著作，提出了由物理—事理—人理组成的 WSR 系统方法论。

《物理—事理—人理系统方法论：理论与应用》，顾基发、唐锡晋著，2006 年出版。从系统方法论的演变过程，论述了 WSR 方法论的哲学背景以及物理、事理、人理的含义，描述了 WSR 方法论的内容、工作过程中的任务及其相关支持工具、基本原则，介绍了国际上有关 WSR 方法论的一些评论和对比，用他们的研究成果讨论了 WSR 在各个领域的应用。

313）2004 年我出版《管理城市发展—探讨可持续发展的城市管理模式》一书，以上海大都市为案例，讨论可持续发展导向的城市管理。有同行评论说，国内许多有关城市管理的书，是分开来讨论城市管理的具体领域，我的书以可持续发展管理"三个全"的分析框架为红线，提供了研究城市管理有集成意义的理论框架和分析工具。

314）可持续发展管理的全对象分析，不同于单纯的经济学的效率分析、社会学的公平分析、环境学的承载量分析，适用于复杂对象的多目标管理。考察可持续发展的研究对象，需要整合经济效率、社会公平、生态规模三个维度，要运用层次分析法等多目标工具对发展绩效进行测量和评估。

315）国内曾用人口、资源、环境概念讨论可持续发展，例如中国可持续发展研究会的杂志取名《中国人口、资源与环境杂志》沿用至今。从学术研究和国际对话的角度看，可持续发展的对象维度区分为经济、社会、环境三个方面有好的理论逻辑，与物质资本、人力资本、自然资本有对应关系，可以分析相互间的替代性和互补性。

316）可持续发展管理的全过程分析，宏观上要有事前、事中、事后三个环节，管理过程要从事前的前馈式规划，延伸到事中的同馈式建设运营以及事后的反馈式调控；微观上要引入物质流全寿命周期，从原材料开采和选择、加工生产、销售使用、废弃物处理等全过程减少资源环境消耗，提高经济社会效益。

317）我做研究尝到全过程分析的好处之一，是建立了对象与过程整合的循环经济分析矩阵，对象维度包括水资源、固体矿产资源、土地资源（能源归入低碳经济进行分析），过程维度分为输入、转化、输出三个环节，发现每一种资源都可以用循环经济在输入、转化、输出环节提高资源生产率。

318）可持续发展管理的全主体分析，包括非营利的政府组织、营利性的企业组织、非政府非营利的社会组织，以及作为个体的公众。以往公共行政概念下的宏观管理研究主要以政府为研究对象，可持续发展管理研究需要分析其他主体在可持续发展中的利益取向，解释潜在的合作治理可能性。

319）在可持续发展研究中引入主体研究，可以看到社会资本概念的重要性。经济增长、社会发展、环境保全的利益冲突，常常通过组织之间和人与人之间的冲突表现出来，因此运用社会资本概念可以深化可持续发展管理的理论思维，操作上可以通过协调组织与组织之间、人与人之间、组织与人之间的关系，优化社会资本支撑可持续发展。

320）我很高兴我的分析框架得到同行的关注和引用。不久前，一位海归教授受聘担任国内某名校公共管理学院院长，说受到我的对象—过程—主体三位一体思维启发，可以在此基础上发展大公共管理学科。在对象维度区别公共物品和公共事务的不同类型，在过程维度研究公共政策分析的工具理性，在主体维度研究公共管理利益相关者的价值冲突与整合管理。

321—330：发展绩效与对象三角形

321）2015年世界城市日，北京人民大会堂，联合国开发署驻华代表处与同济大学联合发布《中国城市可持续发展评估报告》。我作为首席专家解读了项目的研究结果，回答了听众感兴趣的问题。这个研究成果是基于我们有关可持续发展对象三角形和两个发展半球的理论展开的，研究得到了联合国开发署的认可和资助，成果在国内外产生了影响。

诸大建（2015）：2015年是全球可持续发展的重要年头，联合国通过了后2015年即2016—2030全球可持续发展目标即SDGs，17个目标中的目标11是“建设具有包容性、安全、有复原力和可持续的城市和人类住区”。这意味着有关城市可持续发展的研究有着日益增长的需求和重要性。2015年度，绿皮书运用所建立的城市可持续发展的理论与方法，继续开展四个方面的研究工作。基于可持续性的脱钩发展和两个半球的理论建立城市可持续发展的评估模型与评估方法，是我们的研究特色。脱钩发展，是强调城市可持续发展的关键是要求经济社会发展与自然资本消耗实现脱钩；两个半球，是将城市可持续性分为两个要求不同的半球进行比对，分子是代表经济增长和社会发展的人类发展半球，分母是代表资源消耗和环境排放的生态投入半球，根据两个半球的匹配情况判断城市发展的可持续性。①

322）可持续发展研究的对象三角形是把可持续发展的三个目标，即经济增长、社会福祉、生态环境放在三角形的三个顶点，要求三者之间达到一定的平衡。与唯经济增长的发展强调物质资本积累不同，可持续发展的对象三角形要求发展必须统筹兼顾三个维度，即经济维度有高效的配置政策、社会维度有公平的分配政策、生态维度有控制性的规模政策。

323）经济维度要有效率地进行配置，是要处理生产什么的问题，即相对稀缺的资源在不同的物品生产中应该如何分配。例如，多少资源分别配置给小汽车、自行车、公共交通。一个优化的配置是有效率地满足人们的需要并且能够支付得起。获得效率的方法是计算边际机会成本的相对价格，这是

① 诸大建等，2013—2014 中国城市可持续发展绿皮书执行摘要 . 上海：同济大学出版社，2015.

传统的经济增长理论所擅长的方面。

324）社会维度要有公平地进行分配，是要处理为谁生产的问题，即资源最终以产品实体的形式在不同人员之间分布的数量。一个优化的分配应该是在平等和足够所约束的范围之内进行。达到这个目标的政策手段是转移支付和限制不平等。以上两个问题是传统的经济增长理论已经认识到的，尽管效率问题比平等问题受到更多的关注。

325）生态维度要有规模和足够的考虑，是要处理怎样生产的问题，即经济增长的物质规模有没有最大值的约束。这个问题极少被传统的经济增长理论所认识，是可持续发展战略强调的新的发展目标，也是从经济增长转向可持续发展的理由。经济增长的物质规模，可以用埃尔利希公式估算，即人口乘以人均物质消耗。

326）按照强可持续发展观点，三个问题中，生态规模具有第一位的意义，首先要考虑规模应该有多大；然后要考虑社会分配，社会公平的人均物质占有应该是多少；最后要考虑经济效率，要尽可能提高物质资源的利用效率。这些看法，为地球行星边界和生态文明理论，强调经济增长存在地球物理红线提供了理论支撑。

327）以上的发展思想和政策顺序可以有不同的应用场景。例如，用低碳经济应对全球气候变化，首先需要确定地球可以容纳的二氧化碳排放最大规模是多少，强调 2050 年地球温度上升不要超过 1.5 度就是这个意思；然后要看各个国家可以公平接受的二氧化碳累积排放量是多少以及已经用了多少；最后要通过碳交易或碳税提高碳生产率到应有水平。

328）提高可持续发展的绩效，需要研究三个顶点之间的两两关系。在经济与环境之间的是资源生产率或单位 GDP 的物质强度；在社会与环境之间的是人均生态足迹或单位生态足迹的人类发展水平；在经济与社会之间的是单位 GDP 的人类发展水平。可持续发展三角形揭示了这些变量的内在联系。

329）可持续发展的对象三角形具有理论上的助发现意义，可以产生思想火花，用来提出假说解释实际问题。例如，我基于经济与环境线上的资源生产率概念，提出循环经济的评价指标是与物质流相关的材料生产率或废弃物生产率，低碳经济的评价指标是与能源流相关的能源生产率或碳生产率。

330）中国政策语言较多强调绿色发展而不是绿色经济，我觉得这从对象三角形可以发现内在的道理。绿色经济涉及经济与环境，用资源生产率和能源生产率进行衡量；绿色发展涉及社会与环境，用单位生态足迹的人类发展进行衡量。绿色发展不但要有高的资源生产率，而且要求经济增长能提高人类发展水平。

331—340：PSR 方法与过程三角形

331）给 MPA、MBA 等管理类专业学位研究生指导论文，我会用 PSR 方法要求写论文的核心内容要有三个章，一是现状和问题是什么，二是原因是什么，三是针对问题和原因的各自对策是什么。其实，这是我研究可持续发展有深入钻研的套路，我作报告用 PSR 解读全球气候变化及其原因和对策，常常具有非常好的效果。大家说我讲得既专业深刻又通俗易懂。

332）面向过程的 PSR（pressure-state-response）分析法，最初源于 OECD 国家对可持续发展的研究。PSR 分析可以沟通对象和主体。一方面，PSR 连接可持续发展的研究对象，揭示经济、社会、环境有潜在的因果关系，割裂开来研究是盲人摸大象；另一方面，PSR 连接可持续发展的实施主体，揭示不同的主体需要采取不同的应对措施。

333）我自己喜欢把 PSR 可视化为由状态 S、压力或原因 P、组织反应 R 三个顶点形成的三角形。从四个方面分析两两之间关系，提出有系统思考意义的解决方案。例如，现在在低碳城市上过分强调减缓政策，在环境问题上过分强调末端治理，运用 PSR 模型是要整合成为全过程的治理，针对不同的问题有不同的管理重点。

334）从状态 S 到影响 I（impact）的分析是状态分析。主要是建立有关状态的评价指标，评价状态对社会有什么负面影响，识别影响的程度与等级。例如，唯经济增长对于社会福利的影响，污染排放对经济与社会的影响，气候增加对经济与社会的影响，政府主导的公共服务对人的影响，城市蔓延对经济与社会的负面影响，等等。

335）从状态 S 到原因 P（pressure）的分析是原因分析。

主要是研究状态背后的原因是什么，对它们的关系进行回归分析，识别影响的主要因素是什么。例如，社会福利减少与经济增长的关系，污染排放与线形经济的关系，气候变化与高碳能源的关系，公共服务与提供方式的关系，城市蔓延与城市模式的关系，等等。

336）从状态 S 到适应 A（adaptation）的分析是应对性的政策分析。主要是从政府和非政府组织角度提出如何进行事后适应用以减少冲击。例如，在全球温度持续上升的情况下如何帮助普通人特别是弱势人群进行适应，在污染治理中采取政府投资与治理工程的方法使污染排放能够达到标准，等等。

337）从原因 P 到减缓 M（mitigation）的分析是防范性的政策分析。主要是从利益相关者及其合作方式的角度来研究预防性和减少性的政策。例如，应对气候变化用能源替代和能效改进减少二氧化碳排放，污染型企业要改变生产技术与产品结构，政府和企业要发展循环经济，消费者要购买和消费绿色产品，等等。

338）把问题～原因～对策的 PSR 思考表达为过程三角形，可以从三条边看到解决问题有三种不同的思路：一种是问题～对策边上的治标性思路，就事论事去解决问题；第二种是原因～对策边上的治本性思路，要求根治问题产生的来源；第三种是原因～问题边上的探究性思路，从发现问题是什么深入到发现原因是什么。

339）用 PSR 模式，可以理解过去 50 年国际上环境与发展思想演进的 3 个阶段。1962—1972 年，以 1972 年斯德歌尔摩世界环境会议为标志，提出作为状态的环境问题；1972—1992 年，以 1992 年里约联合国环发会议为标志，提出作为原因的可持续发展；1992—2012 年，以 2012 年里约 +20 联合国可持续发展大会为标志，提出作为响应的合作治理。

340）用 PSR 方法反身分析研究者，可以区别出不同类型：专注于现状改进的人是爱迪生型的，主要是状态导向的研究；专注于原因探究的人是波尔型的，主要是解释导向的研究；但是完整的研究需要把状态与原因整合起来，或者从状态出发给出机理性的解释，或者从原因出发对状态进行预测。因此喜欢 PSR 方法的人往往具有巴斯德型的研究特征。

341—350：主体三角形与广义 PPP

341）很多年前，我曾经接到中央某研究机构一个有影响的政治学家的邀请，说我是这方面的专家，希望我写一个有关城市治理的述评文章。研究可持续发展，我为得到治理研究者的关注感到高兴。现在讨论治理和 PPP 问题很热门，我自己是从研究可持续发展管理角度关注这个问题的。

342）治理研究通常被认为是政治学人的世袭领域。但是我的观察是一些治理研究文章常常就治理谈治理，很少解决发展问题。一次被邀请参加政治学研讨会谈治理，我发言说脱离可持续发展的治理是盲目的，没有治理支持的可持续发展是空洞的。主持会议的大佬说我的探索是治理研究的方向。

343）我认为治理形成了可持续发展管理的主体三角形，政府、企业、社会组织或公众是三角形的三个顶点，合作治理就是组织之间的界面管理。研究可持续发展的公共管理和我心目中的广义 PPP，要从政府主体出发，研究政府部门之间的界面、政府与企业组织之间的界面、政府与社会组织之间的界面，搞清楚如何进行界面合作。

344）可以从治理三角形，从宏观上观察国家治理与可持续发展的差异。学术界通常认为：英美是市场组织主导的治理，即盎格鲁-撒克逊模式；大陆欧洲是政府、企业、社会组织相对均势，即莱茵模式；东亚国家是政府主导的治理模式。我做可持续发展的宏观管理研究，期望搞清楚什么样的合作治理对可持续发展更有利。

345）用可持续性三重底线可以发现，就过去多年来的发展情况而言，美国模式有强的市场经济，但是社会与环境的平衡性差；莱茵模式主要是北欧国家，目前的均衡性相对为好；中国模式经济增长成绩可观，但是相当长一段时间面临社会和环境问题的挑战。中国提高治理能力需要学习其他模式，但是中国五星红旗治理模式有着增长的自我改进能力。

346）从治理角度看国内流行的 PPP，我觉得可持续发展管理需要引入广义 PPP。国内讨论 PPP 限于狭隘的基础设施公私伙伴关系，欧洲人的看法却广泛得多。我提出要三管齐下研究 PPP：宏观，讨论政府与企业、社会组织的关系；中观，讨论公共服务中服务对象、政府安排者、服务提供者的关系；微观，讨论如何运用公私合作伙伴关系来改善公共服务。

347）2005 年到哈佛访问，我重点考察可持续发展的合作治理问题。读到《网络化治理》(2004）等一批书，非常认同研究合作治理目的是提高公共服务的质量。我觉得，研究 PPP 要在政府和服务提供者之外引入市民社会第三方形成三维关系：老百姓向政府交税对公共服务有需求，政府决定财政支出同时选择生产者提供服务，老百姓接受公共服务并判断服务质量。

348）指导博士生研究面向可持续发展的合作治理和广义 PPP，我觉得需要把公共管理的研究与项目管理的研究、与搞金融和法律的人的研究区别开来。公共管理的研究要超越技术细节和工具理性，关注公共服务的价值和绩效。我强调 PPP 不是狭隘的投融资问题，而是重塑政府职能的合作治理问题。

349）用这样的想法在公共交通、住房保障、社区矫正等领域做研究，我们发现了一些狭义 PPP 不研究的问题。例如，实证研究城市公共交通治理模式的差异，证明多元化提供公共服务比政府垄断提供要有效，提供者可以有公有公营，也可以有公私合作如国有民营等形式，好的绩效取决于合作提供的方式和竞争性。

350）研究中国城市的公共服务质量，按照政府收入多少和服务水平高低分出不同类型。发现有些城市的政府财政收入不低，但是提供服务的数量和质量有待提高。除了要保证公共服务的政府支出比重，更重要的是要提高公共服务的效率和效益，包括合作提供公共服务并且公共服务要能够惠及弱势群体。

351—360：因果结合城市管理

351）把可持续发展的核心思想梳理清楚了，再来研究具体的管理问题，思路就变得势如破竹起来。2000年，我先提出了因果结合和全过程导向的城市管理概念。事情缘起是从上海发展看到中国城市高速度增长需要加强高效能管理。我们发起城市发展与管理国际会议，出版了会议论文集，成立了跨学科的城市发展与管理研究机构。

352）当时有人说，国内城市需要从建设为主阶段进入后建设的管理为主阶段。其实这个判断是机械的。一方面，中国城市化还处在30%～70%的进程中，即便上海也不能游离在外；另一方面，不能把发展与管理割裂开来，发展管理需要渗透在城市发展的规划、建设、运营全过程之中。正是针对以上情况，我写了因果结合城市管理的文章。

353）从文献研究看，我属于国内早期少数几个开展城市发展与治理研究的学者。我作为主要人员参与并有过思想贡献的一个研究成果，获得过上海市政府决策咨询一等奖。2004年我整理研究成果，出版《管理城市发展——可持续发展导向的城市管理》一书，将可持续发展的 PSR 方法用于城市分析，指出城市治理要进行状态、影响、原因、对策分析。

354）从 PSR 方法研究城市管理，类似看医生，是要诊断城市病的症状和病因是什么，然后开出针对性的治理药方。状态分析或 S 分析是判断城市经济、社会、环境方面的发展有没有问题。例如研究城市低碳问题，要分析 GDP 增长、人均能源消耗和二氧化碳排放、万元 GDP 能耗或碳强度等指标。

355）原因分析或 P 分析，是当城市医生做病因诊断，要从症状中判断背后的原因是什么，从表浅的症状解进入深部的杠杆解。例如对于城市二氧化碳排放问题，需要进行能源结构、工业能效、交通能效、建筑能效等方面的分析。我用 P 分析方法发现当下中国城市提高能效比能源替代重要得多。

356）我说，治标导向的城市管理就状态论状态，经常进行运动式管理；因果导向的城市管理是双管齐下，事情发生时用应急管理遏制事态扩大，事情发生后要系统分析原因。如果主要原因源于系统内部的要素与结构，就进行战术性改进；如果主要原因在于外部环境变化，要有战略性措施。

诸大建（2000）：指导城市管理的思路或方法论大体可以分为两种：一种方法是把重点放在城市问题发生之后进行治理的城市管理思路，可以称之为后果导向的城市管理模式；

另一种是把重点放在针对这些问题产生根源的城市管理思路，可以称之为原因导向的城市管理模式。显然，这两种方法代表了两种截然不同的看待城市问题的方式以及由此决定的政策制定和体制建构的方式。近年来上上下下要求呼吁建立城市管理的长效机制，但对何谓长效管理却因研究不够而语焉不详。我们认为长效管理的重要方面就是要建立原因导向的城市管理模式。这就是说，实施城市管理不仅需要突击式地治理不时发生的城市问题，而且需要深入到治理它们赖以产生的原因；不仅需要从发展方面（例如发展不足或发展不当）把握城市问题的发生机制，而且需要从制度方面（例如体制、机制、法制）控制城市问题的产生条件。只有这样才能从根本上根治城市问题的反复发生，实现众所追求的城市长效管理。①

357）我喜欢 PSR 思维重视原因分析，得益于以前研读圣吉的书《第五项修炼》(1990)。系统思维强调状态是露出海面的冰山，关键是进入深部寻找模式性问题，分析原因要细化为要素分析、结构分析、环境分析。后来碰到圣吉对此进行交流，知道他把可持续发展与第五项修炼整合起来，出版了《必要的革命》(2008)一书。

《第五项修炼——学习型组织的艺术与实践》，P. M. 圣吉

① 诸大建，探讨上海面向 21 世纪的城市管理思路. 科技导报，2000，(03)：47—50.

（P. M. Senge），1990 年初版，2005 年修订版。描述组织如何采用学习型组织的战略，排除威胁组织效率的“学习障碍”，使组织取得成功。该书推动了人们学习和掌握系统思维方法，被《哈佛商业评论》评为过去三十年来最有影响的管理书籍之一。

《必要的革命—个人和组织如何共同创造一个可持续发展的世界》，P. M. 圣吉（P. M. Senge），2008 年出版。通过世界各地的大量真实故事，描述组织和个人面对发展与环境问题的挑战，如何转变自己所在的企业和社区，如何通过跨界合作，探索可持续发展管理的解决方案，并把它们落实到实际当中。

358）对策分析或 R 分析，是因果结合城市管理既要有针对状态的对策，更要有针对原因的对策，要从治标到治本，使城市发展中的失序状况最小化。我以城市垃圾管理为例，指出当前对废弃物加强回收利用和焚烧填埋等末端处理，这是重要的但是是不够的。可持续发展的城市垃圾管理需要对此进行超越。

359）我做研究强调将循环经济引入城市垃圾管理，就是要求从处理废弃物进到减少废弃物，从末端思维进到生产和消费的源头思维。企业需要在产品设计与制造上进行变革，发展循环型的产业和产品。消费者需要改变大量消费、用完就扔的习惯，建立循环型消费的新模式。

360）城市问题产生的原因是有层次的，因果结合城市管理要从浅层次的原因追溯到深层次的原因，从渐进改变升级到根本性的发展模式变革。现在我越来越多地认为解决城市垃圾问题的重要出路是发展分享经济与共享城市，人的价值观从追求拥有到追求共享，可以大幅度减少物品生产与消费。

361—370：中国发展观的变迁

361）2003 年中国应对非典，高层提出科学发展观。我预感从可持续发展研究中国发展理念变迁的社会需求会爆发式增长，在解放日报理论版发表了有关新发展观的长篇文章。那篇文章占据了整个版面，被许多决策者和学术界注意到，后来市里多次邀请我给领导干部做科学发展观的专题报告。

362）研究可持续发展就是研究新发展观。重要的是，从系统思维研究可持续发展，相对于从经济学、社会学、环境学等单学科出发的研究，有更多的整合意义。因此我很早就感觉对发展是硬道理的理解，会从经济增长推进到其他维度。现在中国发展强调从满足物质生活需求到满足美好生活需求，我尝到了提前一步做研究的甜头。

363）我觉得新发展观是由三个 people 组成的以人为本发展观，即目标层次是从经济增长转向人民福祉，强调发展需要 for people；资本层次是从物质资本到包括人力资本和自然资本的综合资本，强调发展需要 of people；能力层次是从政府统制到多元参与的合作治理，强调发展需要 by people。

364）在目标层次上，我指出经济增长不是发展的目标而是发展的手段，GDP 的增长本身不能说明什么，GDP 转化为有利于人类福祉发展的服务，才是实现了发展的目标。国际上的事例如阿联酋等，他们 1990 年代开始把开采石油的收益转移到了投资教育、医疗、文化、体育等社会性服务。

365）研究联合国人类发展报告中人类发展与 GDP 增长的相关性，发现有些国家虽然两者的时间序列都是在增长，但是人类发展的增长幅度和世界排名低于经济增长的速度和世界排名。理论上可以认为，这些国家经济增长的收益没有转化为人类发展指数的同步增长。中国发展要努力避免这样的情况。

366）在资本层次上，传统的发展观强调物质资本积累，可持续发展研究指出发展还需要足够的人力资本和自然资本，把人力资本和自然资本仅仅看作经济增长的投入是不够的，人力资本和自然资本的保值升值本身就是人类福祉的表现。靠消耗人力资本和自然资本获得经济增长不是好的发展。

367）那时世界银行发表了一个用新的综合资本衡量世界各国发展水平的排行表，我引用加拿大、澳大利亚的事例说，他们的经济增长并不高，但是综合资本却很高，新发展观需要追求这样的发展。如果高的经济增长是消耗自然资本获得的，那么就是从水里捞出来的湿毛巾，挤干水分干货却不多。

368）在能力层次上，传统发展观或强调政府或强调市场的作用，新发展观指出只有市场和政府是不够的，还需要社会组织和市民社会发挥作用。针对政府集权和市场分权的两极思维，需要看到中间地带存在着多中心多机制的各种混合，我提出中国一核多元的五星红旗治理模式适合于中国发展。

369）中国治理既不是政府一星独大排斥外围非政府组织的传统管制，也不是将政府作用看做多中心之一的权重等同治理，而是有政府作为核心的有主导作用的多元治理。研究可持续发展管理，我开始是研究政府组织、企业组织、社会组织等的各自作用，后来转向如何加强组织之间的界面管理。

370）从可持续发展研究中国发展观，2010 年我有幸到中南海讲解从上海世博会看世界发展新趋势新理念。2012 年党的十八大以来，中央提出经济建设、政治建设、文化建设、社会建设、生态文明建设等五位一体发展观，我很高兴我研究的东西与中国发展大趋势是一致的，对讨论中国式现代化是有用的。

371—380：企业社会责任新思考

371）政府、企业、社会组成的三角关系，我主要研究基于政府主体的宏观管理，但是也感兴趣研究企业和社会组织的责任管理。我翻译过《企业、政府与社会》(2000）一书，给《哈佛商业评论》中文版写过评论，指出国内有关企业社会责任的视野比较狭窄，中国企业管理需要向建设可持续发展导向企业的目标进行提升。

《企业、政府与社会》，J. F. 斯坦纳（J. F. Steiner）和 G. A. 斯坦纳（G. A. Steiner）著，2000 年第 12 版。从可持续发展的角度探讨企业与政府、企业与社会之间的关系及相互影响，论述了企业经营环境、企业的商业伦理、政府管制、全球化、环境污染和环境保护、工作场所和劳动力变化以及公司治理等内容。

诸大建（2014）：按照 EMBA 和 MBA 的传统教学方案，“企业可持续发展和管理”的内容一直是放在“商业伦理和企业社会责任”课程名下。但实际上，企业可持续发展高于传统的商业伦理与企业社会责任，比传统企业社会责任更有价值和吸引力。正如哈佛商业评论上的《超越 CSR 战略》一文所言，中国企业是时候从企业社会责任转入可持续发展了。①

372）德鲁克把企业与社会的关系区分为社会影响与社会问题，前者是企业给社会造成的影响，后者是社会发展出现的问题，企业社会责任研究需要区分消极与积极两个方面。我出去讲课作报告经常强调，企业社会责任是分数，其中分子是正面影响，分母是负面影响。企业的正面影响的事干得再多，只要分母中有负面影响，就会前功尽弃。

373）观察中国企业的社会关系，结合我接触过的企业案例，可以分出三个阶段。第一个阶段，认为企业不管白猫黑

---

① 诸大建，企业可持续发展比 CSR 有吸引力 . 哈佛商业评论中文版，2014，（06）：17—18.

猫能赚钱的就是好猫，CSR 要求企业不作恶（not to be evil）。第二个阶段，CSR 认为企业做大了才能干好事，所谓 to do well to do good；第三个阶段，是通过干好事来赚钱，即 CSR 是 to do well by doing good。

374）从企业的经济与环境关系入手，分析中国企业社会责任演进，可以用最高领导人说的两山理论进行解读。开始时是只要金山银山不要绿水青山，然后既要金山银山又要绿水青山，最后认识到绿水青山就是金山银山。企业发展的高境界即可持续性导向的企业管理是那些懂得从绿到金的企业。

375）搞循环经济，我知道江浙一带许多回收利用废弃物的民间企业早期的工作场所常常很糟糕。民营企业的第一桶金一般经不起高大上、伟官正的企业社会责任的审视。理论上的解释是创业期的企业是成本节省导向的，经济效益高于社会效益，在做大之前会有这样那样的负面影响。

376）尽管存在着反例，普遍认为先污染后治理、先做大后洗白是企业社会责任发生发展的某种常态，企业有了第一桶金后讲究社会效益的情况可以多起来。久而久之，大家形成了一个看法，企业搞大了才能做好事，发现在 CSR 问题上企业做大与做好事之间存在着一根倒 U 形曲线。

377）介入社会问题与主营业务两张皮是另一个问题。国内一度把脱离主营业务介入社会问题看作企业社会责任的主要表现，说 2008 年是国内 CSR 发展的重要年头。证据是当时汶川地震发生，国内企业特别是许多民营企业纷纷捐款救灾。

碰巧那时候也是上市公司开始被要求编制发布 CSR 报告。

378）企业在悲难场合做捐款搞慈善有政治正确性，但是把这当作企业社会责任的应尽义务则有方向性的误导。国内有一段时间把陈光标现象当作 CSR 范例，我则认为企业社会责任不是简单的社会伦理问题，而是从主营业务出发解决社会问题的战略问题，不能误导企业非专业地去干非专业的事情。

379）后来担任跨国公司 Firmenich 的可持续发展国际委员会成员，每年到日内瓦讨论公司下一年度可持续发展议程，我对 CSR 如何介入社会问题有了更深刻的理解与操作性的工具。要用可持续发展价值矩阵和社会参与的办法，确定对公司和利益相关者两方面都重要的事情，做到主营业务与做好事是一张皮。

380）国内用企业方式解决社会问题的一个有趣事例是 2016 年出现的共享单车。城市交通出行存在最后一公里问题，摩拜单车有创意地提供了企业导向的解决方案。这是有关社会企业的中国故事，虽然资本涌入使共享单车走过了一段弯路，但是我搞可持续发展管理看到了其中巨大的公共意义。

381—390："四商"整合的自我管理

381）周围的人都知道我说惬意教授需要四个自由即身心自由、财务自由、关系自由、思想自由，但是不太知道我有"四商"整合的自我管理做理论支撑。我对德鲁克提出的社会管理、组织管理、自我管理有研究兴趣，觉得这是每个人每天都在经历、需要处理的管理问题，好奇的是三种管理之间有没有内在逻辑。

382）我琢磨的结果是认为，一个人在组织管理和社会管理中有领导力，很大程度是因为他有可持续发展导向的自我管理能力。不能设想，一个人的自我管理是糟糕的，他领导的组织和城市会有出色表现。领导力看起来是与他人关系，其实重要的是管理好自己，只有管理好自己才能够领导好他人。

383）有关个人管理，大家都知道马斯洛心理学的五个需求。其中，生理需求，要有空气、水、食物和睡眠等维持生存；安全需求，要避免遭受身体和心灵的伤害；社交需求，要与他人交往获得友情、归属感等；尊重需求，要得到关注、有社会成就感等；自我实现，要能够发挥个人最大潜能。

384）研究可持续发展，可以把马斯洛的五种需求对应于四种资本，形成“四商”整合的个人管理。满足生理需求是个人的自然资本管理，满足安全需求是个人的物质资本和人力资本管理，满足社交需求和尊重需求是个人社会资本管理，而满足自我实现需求是用精神资本或灵商统摄智商、情商和绿商。

385）用“四商”整合的自我管理，给学术生涯管理提供理论指导，我突然觉得我的惬意教授的四个自由说有了厚实的可持续发展逻辑。其中，身心自由是自然资本管理（因为人的身心是自然给出的），财务自由是物质资本和人力资本管理，关系自由是社会资本管理，思想自由是精神资本管理。

386）身心自由和健康管理要有平均数的概念。现代人的平均生存年龄一般在 80 岁，一个人能够体面地活到这个年龄就是合格的健康管理。一般来说，身心健康在人生发展中表现为倒 U 形曲线，人生进入第四个 20 年特别需要懂得个人健康管理，把健康体面有作为地活到 80 岁作为基本纲领。

387）财务自由和财务管理要有福利门槛的概念。我的说法是要有钱、不要太有钱。在满足基本需求和达到体面生活以前，有钱与获得感是线性相关的。但是过了一定阈值，追求更多的钱对获得感来说是边际收益递减的。国外有研究说体面收入的阈值是人均年收入 2.5 万美元，这个数字当然没有绝对意义，但是财务自由要有阈值概念却是必须的。

388）关系自由和关系管理要有少而精的概念。家庭、单位和社会三者中，第一位的是家庭关系管理，它对人生惬意可以有 60% 以上的贡献。如果每个人从自己到伴侣到孩子做到了和和美美，那么整个社会就有积水成河、化零为整的宏观效果。中国人老话说家和万事兴。

389）思想自由和思想管理要有自由和慎独的概念。一方面，没有个人思想自由，整个社会要有大创新是不可能的，因此社会需要对思想自由有尽可能大的包容性。另一方面，自我管理要让思想自由在合法的边界内进行，自我言行要做到慎独，任何社会都不存在绝对的言论自由。

390）有人把时间自由单列出来，但是我觉得时间自由是良好个人管理的自然结果。四个自由的个人管理有没有成效，最终要看有没有时间自由。可以想象，没有身心自由，因为身体某种缺陷束缚了自由的行动；没有财务自由，就没有钱去保证时间的自由；没有关系自由，就没有权力独立自主决定时间；没有思想自由，是狭隘思想限制了自己的时间自由。

391—400：管理教育如何造福社会

391）管理变革的源头是教育。研究可持续发展管理，需要大学管理教育面向可持续发展。2012 年里约 +20 峰会上，PRME 等国际组织发起“50+20”愿景倡议，出版了一本有影响的书《造福世界的管理教育：商学院变革的愿景》（2012），号召对商业教育和更广泛的管理教育的当前现状和社会作用进行反思和变革。

《造福世界的管理教育——商学院变革的愿景》，K. 穆夫（K. Muff）等著，2012 年出版。该书强调，解决目前人类面临的诸多不可持续发展的问题，需要包括管理教育在内的社会各方面努力。管理领域的教育者需要了解世界可持续发展的现状与趋势，懂得可持续发展应该培养怎样的领导者，为改变规则和造福社会作出有特色的贡献。

392）“50+20”愿景的倡导者提出了可持续发展管理教育的新蓝图，强调面向可持续发展的管理教育，应当履行 3 个 E 的基本任务，即 Educating，教育和培养有全球责任感的领导者；Enabling，促成商业组织有能力为共同利益服务；Engaging，管理教育要参与企业和社会的经济转型。

393）华裔美籍管理学家徐淑英是50+20愿景的倡导者，近年来频繁回国倡导负责任的管理研究和管理教育。她把以往的管理教育分为前科学、严谨学术研究、象牙塔研究三个阶段，说现在需要进入负责任的管理教育新阶段。我听过她的报告，研读过她的著作，同意她有关管理教育需要范式迁移的说法。

徐淑英，1948年出生。美国亚利桑那州立大学凯里商学院讲座教授。1981年在加州大学洛杉矶分校获企业管理博士学位。1981—1988年杜克大学任教。1988—1995年加州大学商学院任教。1995年任香港科技大学商学院组织管理系创始主任。2011—2012年任美国管理学会会长，是目前发表的文章被引用率最高的管理学家之一。

394）管理教育在上世纪的缘起与实践活动有紧密联系，进入20世纪出现了重要变化。当前以学术为导向的管理教育模式，发轫于美国1959年出版的两个报告即卡内基报告和福特基金会报告。为了争取管理教育的学术地位，哈佛大学等学校推出了博士项目，管理学院开始向学术化转向。美国模式开始成为主流，到1990年代变得越来越象牙塔化。

395）50+20愿景就是要针对这样的现状，倡导管理教育的新转型。管理学开拓者德鲁克的大管理思想，不仅包括各种企业组织，而且覆盖政府组织和非赢利组织。50+20 愿景强调，可持续发展导向的新管理革命不仅对商学院有重要意义，而且对包括政府管理在内的所有大学管理教育有积极意义。

396）2015 年我与 Aspling 教授合作撰文讨论了中国管理教育面向可持续发展的三个转变。教学方面，要从传统的知识导向的灌输转向培养有责任感的领导者；研究方面，要从传统的纯理论研究转向巴斯德型有理论地解决实际问题；社会参与方面，要从自娱自乐的书斋型知识分子转向为社会可持续发展做出创新性的贡献。

诸大建等（2015）：2012 年里约 +20 会议提出了“50+20 议程”，要求管理教育以可持续发展为目标。在这一新发展阶段，我们认为中国管理教育需要走出过去几十年形成的美国模式，进入可持续发展导向的管理教育新模式。这意味着进行三个方面的转变，即从基于效率的管理技能教育到基于效益的领导力教育，从以美国问题为取向的学术研究到以中国情景为基础的研究，从单纯的学术知识分子到有社会责任的公共知识分子。①

397）在教学上，从效率性的管理技能教育向效益性的领

① D. Zhu & A. Aspling，*An Emergent Model for China*：*Business and Management Education for the Future. Global Focus*，2015，9（3）：50—53.

导人教育转变，重点是企业管理的指导思想要从股东利益最大化的旧观念向利益相关者整合化的新观念进行转变。企业管理需要讲经济讲利润，但是不能脱离社会唯经济，要作为企业社会公民，创造利益相关者可以接受的共同价值。

398）在研究上，过去一段时间中国学者发 SCI 文章趋向于讨论老外感兴趣的问题。未来的研究需要从中国情景提出有世界意义的研究话题和理论命题，或者修正发展基于英美情景但是有普遍意义的管理理论。当下的中国发展有伟大的实践和伟大的企业，却没有自己的伟大的管理理论，管理研究需要打破这样的悖论。

399）在社会参与上，要从专业知识分子走向负责任的公共知识分子。现在的管理教育模式是书斋式的，大多数商学院和管理学院对学术之外更广泛的问题缺乏关心。未来发展需要管理教育者养成本来意义上的公共知识分子气质，介入活泼现实的社会问题和社会实践，推动社会走向可持续发展。

400）我个人觉得，管理教育变革的重点是走出纯理论的学术象牙塔，倡导学术与实务并重的巴斯德型风格。中国当下红红火火的现代化建设，为管理研究和管理教育提供了世界少有的实践场景，中国管理的理论和实践需要从初始阶段的跟跑与追随进入向上阶段的并跑和创新，努力讲出管理的中国理论来。

5

IPAT 公式与中国发展 C 模式：401—500

如果可持续发展是研究全球问题的金钥匙，那么 IPAT 公式于我就是研究可持续发展的金钥匙。我对 IPAT 公式一见钟情，后来从中产生了中国发展 C 模式等想法。

401—410：IPAT 公式是金钥匙

401）如果可持续发展是研究全球问题的金钥匙，那么 IPAT 公式于我就是研究可持续发展的金钥匙。最早看到 IPAT 公式，可能是 1997 年翻译斯奈德的书《地球实验室》(1997)，觉得这个方程大道至简，犹如牛顿的万有引力方程和爱因斯坦的质能关系式可以浮想联翩。我对 IPAT 公式一见钟情，后来从中产生了中国发展 C 模式等想法。

402）写过《中途改进：可持续发展企业 Interface 模式》（1998）一书的 Anderson 是 Interface 的创始人，曾任美国总统可持续发展委员会联合主席。2000 年上海欧美同学会举办国际会议，他与我同是主旨报告人，我们坐在一起。我发言用 IPAT 公式讨论中国发展，下来后他连说几个 good，拿出纸来把公式分子中 T 改为分母中的 T'，说技术要从黑变成绿。

403）2002 年参加国合会循环经济战略研究项目遇到陆钟武院士，当时陆先生年过 70，我却觉得他思维比年轻人还活跃。我们一起讨论问题，IPAT 是共同喜欢的公式。他用这个公式提出了中国穿越环境高山的问题，强调中国只有调整经济增长速度才能实现可持续发展目标。我也是在那个时候左右想到了中国发展 C 模式。

陆钟武（1929—2017），东北大学教授，冶金热能工程和工业生态学专家。1946 年考入南京中央大学，1950 年毕业于上海大同大学获学士学位。1953 年东北工学院研究生班毕业后留校任教，1982 年任教授，1984 年任原东北工学院院长，后为东北大学校长。1997 年当选中国工程院院士。

404）IPAT 公式源于 1970 年 Enrlich 和 Holdren 在 Science 杂志上发表的文章。IPAT 方程写为 I = P * A * T，其中 I 指环境负荷，表达污染排放和资源消耗的大小；P 指人口数量；A 指人均 GDP 或人均消费；T 指单位 GDP 的环境负荷。2005

年到哈佛访问，担任肯尼迪学院教授的 Holdren 曾经在美国科学促进会作主席讲演用 IPAT 公式分析气候变化和二氧化碳排放。

P. R. 埃里希（P. R. Ehrlich，1932— ），斯坦福大学生物学教授和人口研究专家，美国国家科学院院士、艺术和科学院院士。1957 年获堪萨斯大学博士学位，1959 年进入斯坦福大学，1966 年任生物学教授。著有《人口炸弹》（1968）和《人口爆炸》（1990）等。曾经与经济学家西蒙打赌，讨论未来资源环境是不是会变得更糟糕。

J. 霍尔德伦（J. Holdren），美国哈佛大学肯尼迪政府学院环境政策讲席教授，美国国家科学院院士、工程院院士，美国科学促进协会前任主席。1973—1996 年在加州大学伯克利任教。从事能源和气候变化研究，2009 年 1 月至 2017 年 1 月任总统科学顾问，对奥巴马政府制定气候变化政策有重要影响。

405）可持续发展是资源环境承载能力可以接受的经济社会发展，可以运用 IPAT 方程分析经济社会发展产生的环境影响，并与地球可以提供的自然资本能力进行比较。环境影响小于生态承载能力是生态盈余，反之是生态赤字。在有关国家和城市的研究中，要研究人均环境影响或人均生态足迹是否小于地球可以提供的人均生态能力。

406）用 IPAT 公式做进一步分析，可以发现工业化以来的资源环境影响主要来自三个因素。一是人口数量的扩张即公式中 P 的作用；二是消费水平或人均 GDP 的增长即公式中 A 的作用；三是技术水平或单位 GDP 环境影响强度的变化即公式中 T 的作用。P 和 A 合起来是 GDP 的总量，而 A 和 T 合起来是人均资源环境影响。

407）1960 年代以来学者先后对人口 P、消费 A、技术 T 做过研究。Enrlich 的《人口炸弹》一书是对人口的专门研究，认为世界人口增长已超过了土地和自然资源的负载力。据此警告说，这种状况如果不迅速得到控制，人类将面临犹如原子弹、氢弹爆炸那样可怕的毁灭性灾难。“人口爆炸论”曾经在 1960—1970 年代盛行。

408）1971 年康芒纳出版《封闭的循环》一书，专门研究技术的环境影响。他不同意 Enrlich 的意见，认为技术带来的环境影响比人口和消费要大得多。这个结论在康芒纳所在的传统工业化时代是可以理解的，产业技术通常是高资源密集、高污染排放的。所以，Anderson 强调搞可持续发展是要将传统的 T 转化为新的有绿色意义的 T’。

B. 康芒纳（B. Commoner，1917—1992），美国生物学家和生态学家。1937 年获哥伦比亚大学学士，后获哈佛大学生物学硕士和博士学位。1947 年起在圣路易斯市华盛顿大学任教。著有《封闭的循环》（1971）等书及数百篇科学论文。我主持的绿色发展前沿译丛翻译过他的《与地球和平共处》（1992）一书。

409）杜宁1992年出版的《多少算够—消费社会和地球的未来》一书专门研究消费问题。他说："消费是三个要素中被忽略的一位，如果我们不想走上一条趋向毁灭的发展道路的话，世界就必须面对它。三个要素中的另外两位—人口增长和技术变化—已经引起了注意，但是消费却始终默默无闻。"这对研究可持续发展区分穷国与富国的差异有重要意义。

《多少算够—消费社会和地球的未来》，A. 杜宁（A. Durning）著，1992年出版。杜宁指出消费者社会只是人类社会一个短暂阶段，现在是走出消费误区、走向可持续发展的持久文化运动的时候了。持久文化是一个量入为出的社会；是提取地球资源的利息而不是本金的社会；是在友谊、家庭和有意义的工作之网中寻求充实的社会。

410）IPAT公式是我研究可持续发展的假说和思想的泉源，与人交流谈到这个公式我会变得兴奋和投机起来。我研究循环经济强调资源生产率指标，研究绿色经济注意与绿色发展的区别与联系，研究中国发展提出倍数2战略和C模式，以及强调可持续发展的转型要区分发达国家B模式和发展中国家C模式，直接间接都有IPAT公式的影响。

411—420：穷国与富国的差异是什么

411）刚开始搞可持续发展的时候不晓得穷国与富国要有

不同的方略。读到 Daly 在《超越增长》中说，可持续发展首先是针对北方发达国家的，相对于发展不足的南方发展中国家，发展过度的西方国家特别需要可持续转型。用 IPAT 公式领悟了背后的道理之后，我开始强调搞可持续发展要有共同的原理、不同的模式。

412）穷富两极化是世界不可持续发展的原因。用 IPAT 公式分析环境影响，可以发现南方发展中国家的原因是数目众多的贫穷人口，尽管人均消费和人均环境影响是小的，但是与庞大的人口一相乘，总的环境影响就不小。北方发达国家的原因是过度消费，尽管人口规模不大，但是乘上奢华的人均物质消费，就有很大的全球环境影响。

413）可以比较中美两国二氧化碳排放情况。2007 年，美国和中国成为世界上两个二氧化碳排放最大国，各自排放超过 60 亿吨。美国是发达国家之首，中国是发展中国家之首。美国人口不到 3 亿，人均排放超过 20 吨，总量大的原因主要来自消费过度。中国人口 13 亿多，人均排放达到世界平均的 4.5 吨，排放总量大主要来自人口多。

414）同样可以用 IPAT 公式解释国内发展的地区差异。到中西部地区看，人均环境影响比较小，生态环境问题很多是来自发散的人口布局和落后的生产生活方式。而在北上广深等东部沿海地区，虽然技术水平比较高，但是由于人均生活水平高，总的资源消耗和环境影响并不低。因此沿海发达地区需要在可持续发展转型中当好领头羊。

415）从 IPAT 公式可以从另一个方面证明穷富分化的金字塔形社会需要走向中产阶级为主体的橄榄形社会。这不仅是因为社会公平的原因，也是因为环境影响的原因。杜宁在《多少算够》一书中说，开小汽车出行的富人是一个端点，靠两只腿步行出行的穷人是另一个端点，可持续发展需要做大坐公共交通出行的中产阶级群体。

416）一般来说，国家穷的时候担心人口增长多，国家富的时候担心人口增长少。从这个角度可以理解中国改革开放以来前后两次调整人口政策的道理。1980 年代改革开放初期，国家用一孩政策控制人口盲目增长，担心人多了养不起；2021 年开始全面建设现代化国家，国家推出三孩政策鼓励人口增长，是要从富起来走向强起来。

417）正是从 IPAT 公式，我认识到世界上的国家各有各的不可持续性，研究可持续发展需要区分两种不同的转型模式。发达国家有高的经济社会水平，搞可持续发展要重点降低过高的人均资源环境影响；发展中国家搞可持续发展，提高经济社会发展福祉是硬道理，但是不要走发达国家高资源消耗、高环境影响道路。

418）我现在充分认识到 Daly 说“可持续”首先是针对发达国家的深刻用意。我讲可持续发展会用到一个五等分的鸡尾酒杯图，图上表明发达国家的人口占世界的五分之一即 20%，但是 GDP 总量和资源环境消耗占了世界的 80%。如果世界各国用美国的人均生态足迹去实现现代化，人类需要

5个地球才能满足欲望。

419）发达国家如果不改变自己消费过度的发展模式，要南方发展中国家改变发展模式就是不可能的，因为前者在提供不好的示范作用。中国是赶超型的现代化，尽管我们自己有不走西方传统发展模式的愿景，但是让不愿放弃小汽车出行的美国政治家来教导我们不要依赖小汽车实现现代化，绝对是荒唐的。

420）我也不能同意国内有机构搞可持续发展评估，简单基于经济增长的水平和绿色技术的能力，把一些经济型的大城市评为可持续发展的榜样城市，用光亮的经济成绩对冲社会和环境方面的滞后。这样的研究忽视高生活水平与高资源消耗的相关性，不能指出经济社会发展水平越高越要减少资源环境方面的负面影响。

421—430：中国发展的三种情景

421）2002年我开始发文章用IPAT公式分析中国环境与发展的可能情景，研究结果后来在参加中国中长期科技发展战略咨询生态环境组研究中得到了运用。生态环境组撰写咨询研究报告搞头脑风暴，我说要用情景分析指出中国未来环境与发展不同的前景。组长让我上去用简单的时间做介绍，讲完后会场的气氛和思维开始活跃了。

诸大建（2002）：可持续发展与传统环境保护观念的不同之处，在于它不是就环境论环境，而是从环境与发展的关系上，揭示传统发展模式导致环境问题产生的原因，在此基础上具有了改变发展方向的政策意义。这方面的研究集中地体现在近30年来对环境与发展的一个量化关系即 $I = P \times A \times T$ 的研究上。①

422）我关于中国环境与发展的情景分析，后来在生态环境组的战略咨询报告中被放在开头作为引领性的内容，成果上报后得到了高层决策者的关注。几年后，到《中国人口、资源与环境》杂志参加编委会会议，遇到生态环境组组长、曾任中国科学院副院长的S院士，见到我就说这件事，说对课题报告发挥战略咨询作用非常有帮助。

423）当时国内流行的看法是，只要加大治理力度，中国经济增长的资源环境影响可以短期内得到控制，这种观点在生态环境组的讨论中也有反映。我认为绿色发展不能靠大跃进实现，在下边用IPAT公式进行演算，把结果与坐在旁边的钱易院士进行交流。钱先生向组长建议让我上去讲一讲，这一讲引起了大家的热议。

424）我认为中国发展的环境影响有三种可能的情景：一是惯性情景，一切照旧发展，高速度增长导致环境影响超越

① 诸大建，作为政策工具的可持续发展．世界环境，2002，(03)：11—15，48.

生态承载能力；二是理想情景，要求环境影响快速实现零增长，这将抑制发展同时需要技术水平有大幅度改进；三是适宜情景，环境影响继续增长但有可行的控制。我认为中国2020年战略需要采纳第三种适宜情景。

425）具体展开是这样：中国从2000到2020年人均GDP要翻两番，加上人口增长，经济增长的年增长率大约会到8%甚至以上，如果技术改进没有根本变化，由此带来的环境影响将是2000年的4—5倍。而要资源环境状况不变差，在经济高增长的情况下，需要有与8%同样的技术效率或资源生产率改进，但是这样的要求是不现实的。

426）长期来，国内外对中国环境与发展问题存在着两种不同的看法。一种是较为乐观的看法，认为中国在2000—2010年间可以扭转环境恶化的趋势。但这种观点很多情况是超阶段的主观愿望，对环境与发展的关系缺少精准分析：既没有考虑中国现代化必须有的人口与消费增长，也没有考虑技术与体制在消除环境退化方面的能力。

427）另一种是较为保守的看法，认为中国的环境与发展状况要相当长时间才有可能出现好转，中国的环境库兹涅茨曲线到2050年以后拐头向下已经不错。有人认为先污染后治理是中国躲避不了的发展道路，认为实现转折需要花较长的时间通过几个大的零增长如人口零增长、资源能源消耗零增长、生态环境退化零增长，等等。

428）我用IPAT公式进行分析，得到的是第三种看法，即未来相当长一段时期中国环境影响的曲线还会爬坡，环境与发展的关系如天平，我们可以做的事情是在影响环境问题的因子上精准发力，努力降低环境库兹涅茨曲线的爬坡高度。当时估计到2020年人均GDP达到8000—10000美元的时候，可以加大生态环境问题的治理力度。

429）我享受用IPAT公式将环境与发展整合起来分析问题的好处。通常，搞经济的人喜欢用环境库兹涅茨曲线说发展必然是“先污染后治理”的过程，结果在应对环境问题上被动思维、无所作为；而搞环境的人常常认为可以随意压低环境曲线，对中国跨越式发展有想当然的看法，对发展的必要性及其带来的环境影响考虑不足。

430）许多人认为生态文明是农业文明、工业文明之后的第三种文明。与流行看法不一样，我认为中国搞生态文明，不是后工业文明阶段的生态文明，而是同工业文明阶段的新工业文明，是要用生态文明的精神改造工业文明，搞新型工业化和新型现代化。用IPAT公式分析中国发展，对我来说就是寻找适合中国国情的可持续发展模式。

431—440：中国发展C模式

431）哈佛科学中心，Brown做报告谈中美经济增长的环境影响，我坐在下面第一次听他真人秀。2005年，我在哈佛做为期半年的高级研究学者。刚来哈佛不久，就看到哈佛环境名人讲坛有 Brown 的学术报告。知道布朗，首先是因为他 1994 年发文谈中国的粮食问题，但是这一次我是想当面听听他对 B 模式的问题怎么说。

432）事情有凑巧，2003 年前我在国家中长期科技战略咨询研究讨论中刚刚讲过中国发展的三种情景，就逛街在西单书店看到布朗新书《B 模式》中译本。在书中，布朗把增长无极限的传统模式叫 A 模式，回到地球生物物理极限内发展的模式叫 B 模式。我立马反应我的中国发展的适宜情景可以叫做 C 模式，既有 China 的意义又有第三种模式的意义。

433）布朗演讲是关于中美发展的环境影响和对比，与写书一样他呼吁从 A 模式转型 B 模式。他说美国过去走的是 A 模式的发展道路，现在需要带头转向 B 模式的绿色发展。他说中国改革开放以来 20 多年经济高增长带来的资源环境高消耗也是 A 模式，因此出路也是 B 模式。提出了一些建议，包括从当下起就应该停止发展煤电产业。

434）现场感觉许多人对中国发展的认识是布朗的类型，认为中国的高速度增长正在给中国和世界带来巨大的环境影响。到美国不久，我曾经在电视上看到一个共和党议员在国会发言用图表演示说中国未来发展如何会超越美国成为化石能源消耗大户，认为中国发展如果不走 B 模式，其结果将是悲观的。

435）布朗做完报告很快离开，我没有机会上去与布朗交谈。但是我对 C 模式的信念变得强烈了，逐渐形成一种更加清晰的表述，后来正式发表了中国发展 C 模式的文章。我说，从 2000 年到 2020 年的中国发展，可以有高环境影响的 A 模式，也可以有与环境影响绝对脱钩的 B 模式，但是适宜中国发展的是相对减物质化的 C 模式。

436）C 模式是一种倍数 X 的相对脱钩发展模式。例如研究中国 2000—2020 年的经济增长，允许资源消耗和污染产生增加一倍，换取 4 倍的经济增长和相应的社会福利。该模式既不同于以前的经济增长与环境影响同步扩张，也不同于激进的经济增长完全与环境影响脱钩，而是要让环境影响增长低于经济增长。

诸大建（2005）：C 模式也称 1.5—2 倍数发展战略，因为只有保证我国 GDP 的持续快速增长，才能解决我国社会经济发展中的一系列矛盾。所以该模式将给予我国的 GDP 增长一个 20 年左右缓冲的阶段，并希望经过 20 年的经济增长方式调整，最终达到一种相对稳定的减物质化阶段。①

437）我觉得，中国采取相对脱钩的 C 模式战略有合理性和可操作性。在能源方面，时任国务院副总理曾培炎曾经表示，在上世纪的最后 20 年，中国以能源消耗翻一番带动了 GDP 翻两番。到 2020 年，尽管中国进入了工业化主要阶段，但仍要在能源消耗翻一番甚至更低的水平下，使 GDP 比 2000

---

① 诸大建，C 模式：中国发展循环经济的战略选择．中国人口资源与环境，2005，5（06）：8—12.

年翻两番（所谓用一番换两番）。

438）2005 年发现经济高速增长可能会突破原先制定的 2020 年能源消耗目标，为此十一五规划第一次引入了万元 GDP 能耗强度进行调控。这样的努力结果是，2020 年中国 GDP 达到了 2000 年的 10 倍（从不到 10 万亿增加到 100 万亿），能源消耗不到 2000 年的 3 倍（从 18 亿吨增加到 50 亿吨标煤）。GDP 总增长相对于总能源消耗的倍数是 3.3。

439）C 模式的概念在国内外学术界得到了流传和引用。中国科学院牛文元教授在主编的《中国科学发展报告 2010》中说，诸大建提出了适合我国国情的经济发展模式即 C 模式概念。提出倍数 10 理论的德国乌帕塔尔研究所邀请我参加资源生产率研讨会，把我的 C 模式论文收入了他们的《International Economics of Resource Efficiency》（2011）书中。

牛文元（1937—2016），第三世界科学院院士，中国科学院可持续发展战略研究组组长。1962 年毕业于西北大学。1966 年研究生毕业。1994 年—1995 年任美国弗吉尼亚大学富布赖特教授。1983—1987 年与马世骏一起参与了联合国《我们共同的未来》报告的编撰研究。著有《持续发展导论》（1994）等，主编《中国科学发展报告》等。

440）2010 年 WWF 邀请布朗来上海世博会参加研讨。他的《B 模式》（4.0）翻译成为中译本，我被邀请给中译本写序。

我们在研讨会上演讲和对话，下来后一起吃饭和交谈，当面讨论中国C模式与西方B模式的差异。他听了我的看法，回去后在访华报道中写到，这是一个“有利中国21世纪加强经济社会发展同时不以消耗环境为代价的设计”。

诸大建（2010）：中国的绿色发展，一方面需要避免走上布朗指出的传统A模式的道路，另外一方面也需要防止走上有资源环境保护而没有经济社会发展的道路。因此，我们从布朗书中得到的最大意义的借鉴，就是需要研究基于可持续发展原理的另一种模式—使中国这样的众多人口尚没有脱贫的发展中大国走上资源环境消耗与社会经济增长相对脱钩的发展道路，我称之为中国发展C模式。①

441—450：研究资源生产率有痴迷

441）研究IPAT公式，如果资源环境影响I为一定，公式中的T就成为关键。T在环境问题研究中是指单位经济产出的物质消耗强度（I/GDP）；它的倒数R是单位物质消耗的经济产出（GDP/I）即资源生产率或生态效率，却有重要的经济意义。将I = PAT = GDP × T变换为GDP = RI，解读绿色增长，可以看到资源生产率越高，经济增长的绿色化程度就越强。

---

① 诸大建，《B模式4.0—起来拯救文明》序 . 上海：上海科技教育出版社，2010.

诸大建等（2005）：生态效率（资源生产率）是经济社会发展的价值量（即 GDP 总量）和资源环境消耗的实物量比值，它表示经济增长与环境压力的分离关系（decoupling indicators），是一国绿色竞争力的重要体现。多年来，我国一直关注着分子的 GDP 增长，而忽视分母中环境负荷的相应增长。换言之，我国一直关注如何让 GDP 变重，而没有同时关注如何使 GDP 变轻。理想状态下的生态效率的提高可以通过双增双减来实现，即增加经济增长和人类福利；减少资源消耗和污染排放。①

442）传统的经济增长和创新研究主要关注生产函数中的劳动生产率和资本生产率；研究绿色经济，需要建立包括自然资本在内的绿色生产函数，研究资源生产率对于经济增长的作用。我对研究资源生产率越来越痴迷，申报和主持的国家自然科学基金课题和国家社会科学基金课题都是围绕资源生产率和绿色创新展开的。

443）我指出，衡量循环经济要用生态效率或资源生产率指标。因为循环经济是环境与经济的交集，其绩效不能用传统的经济产出指标进行测量，也不能用单纯的资源环境指标进行测量，而资源生产率指标包含了两个方面信息。高兴地

① 诸大建等，生态效率与循环经济 . 复旦学报（社会科学版），2005，（02）：60—66.

看到2010年国家十二五规划开始用资源生产率作为循环经济发展指标，提出五年内要提高资源产出率15%。

444）我喜欢用两个半球的图示，表达循环经济和资源生产率的概念。上边的半球是经济产出或经济价值，下边的半球是物质消耗，通常用全生命周期的物质流来计算，可以有废物循环、产品循环、服务循环等方式。搞循环经济，要把下边的物质消耗做下去，把上边的经济产出做上去。换句话说，循环经济要让GDP变大的同时也要变轻。

445）这个可视化的图形对于理解分享经济很管用。2016年共享单车问世，摩拜的初衷是用耐用的共享单车倡导新的骑行模式。后来资本看到这是赚流量的风口，开始把共享单车推上拼投放的歧路。我评论说，共享单车要成为循环经济的一种新生活模式，企业应该在下半球提高单车的流转率而不是投放太多的单车。

446）资源生产率的概念使得绿色创新具体化和操作化，可以用来分析水、地、能、材等具有稀缺性的自然资本的利用效率。例如城市规模有大有小，判断哪个发展更绿色看起来比较难，但是把它们转化为单位建设用地的生产率，单位能耗的生产率，单位水资源的生产率，甚至单位垃圾产生的生产率，就可以进行比较了。

447）我经常用资源生产率的概念讨论什么是绿色导向的招商引资。以上海为例，把所有工业园区的工业产值和占用土地合起来计算出上海工业园区的平均土地生产率是多少，就可以基于平均的建设用地生产率采取三种政策，高于这个值的产业和企业要大力引进，在这个数字左右的要提升，远远低于这个数值的要淘汰。

448）讨论中国碳达峰和碳中和，实际上就是讨论中国如何提高能源生产率和碳生产率。2020 年中国能源消耗 50 亿吨标准煤，万元 GDP 的能源强度是世界平均水平的 1.3 倍，即中国当前能源生产率比世界低 30%。如果能源生产率能够提高到世界水平，就可以节约 12 亿吨能源消耗，减少 20 多亿吨二氧化碳排放。

449）用资源生产率研究绿色经济，可以建立二维矩阵分析个人、企业、城市和国家等场景。一个维度是经济产出，另一个维度是资源消耗，两者都用平均值区分高低。由此分出四种情景，即高经济产出低资源消耗，高经济产出高资源消耗，低经济产出低资源消耗，低经济产出高资源消耗。

450）以城市生活垃圾为例，如果发达城市的经济门槛是人均 GDP 超过 2 万美金，垃圾产生量顶板是人均不超过每天 1 kg，那么就可以比较中外城市在垃圾生产率上的绿色竞争力。同样是人均 GDP 超过 2 万美金，东京人均垃圾产生量已经低于 1 kg，香港已经制定了减少到 1 kg 的发展战略，现在超过 1 kg 的上海看起来需要发起更大力度的城市垃圾革命。

451—460：反弹效应与系统创新

451）研究资源生产率，我思想上的关键一跃，是对反弹效应的重视。2008 年内罗毕国际生态经济学大会，我大会发言说要用资源生产率测量循环经济带来的进步，奥地利学者评论说资源生产率在历史上总是进步的，循环经济提高资源生产率不稀奇。这当中存在的思想差异就是反弹效应问题，以前我对这个问题的认识还没有达到足够的高度。

452）其实在内罗毕开会的第一天早上，在去会场的车上与时任国际生态经济学会主席的西班牙 Alier 教授坐在一起，他就与我聊起过反弹效应问题。2007 年我曾邀请他参加同济百年校庆创新与可持续发展国际论坛。他提及英国经济学家杰文斯早年在研究煤的时候发现了反弹效应，说技术效率的改进会导致更多的物质消耗。

453）我非常感谢那次会议得到的思想震撼。观察身边的生产与生活，确实发现到处都有反弹效应存在。例如，汽车制造绿色化的一个做法是大排量汽车改造成为小排量汽车，单个汽车的燃油经济性提高了，但是技术进步和价格便宜导致了更多的汽车消费，结果更多的人开小汽车上路，导致总的汽车耗油和尾气排放增加了。

454）我喜欢资源生产率是从研读魏伯乐等人写的书《倍数 4》（1994）开始的。他们说世界发展需要分子中的 GDP 增长翻一番，分母中的资源消耗减一半，由此实现倍数 4 的绿色增长。十多年后他们出版《五倍数》(2009)，我已经有了反弹效应的概念，学术判断力大大提高，觉得资源生产率的提高需要与控制物质消耗规模的系统创新结合起来。

E. 冯 . 魏茨察克（E. Von Weizsacker），1939 年生。1972 年任杜伊斯堡—埃森大学生物学教授。1984 年任欧洲环境政策研究所主任，1991 年任乌泊塔尔研究所创始主席，2005 年任加州大学圣塔芭芭拉分校环境科学与管理学院院长。著有《倍数四》(1994)、《私有化的极限》(2005) 和《五倍数》(2009) 等。

诸大建（2010）：本书与《四倍跃进》有重大差异的是，强调即使达到五倍以上的技术效率改进，也存在着反弹效应带来的严峻挑战，有可能使得技术改进结果的 50% 或以上得到抵消。例如，单个汽车的效率改进被更多的汽车拥有者所抵消，建筑效率的改进被更多的住房消费所抵消，等等。实际上，无论是发达国家还是发展中国家，我们确实经常发现这个环节的资源效率提高被其他环节的反弹消费所抵消，微观的资源效率被总体的经济规模扩张所抵消。由于反弹效应的存在，魏伯乐最近几年来多次在学术演讲中说自己在《四倍跃进》书中对于资源生产率的提高效果有点过于天真了。正是基于这样的认识，他在《五倍级》中超越纯技术效率的思考，强调脱钩发展的实现还需要经济增长规模与经济增长结构上的重要能力。[①]

455）反弹效应概念使我有关绿色创新的思考走向深入，开始从关注效率导向的技术改进转向关注足够导向的系统创新。技术改进有过程创新和产品创新两种形式，系统创新有产品替代和产品服务两种形式。可持续发展导向的创新必须更多地关注“产品替代”和“产品服务”等系统创新，需要实现从效率 efficiency 到 sufficiency 的跃升。

诸大建等（2013）：提高资源生产率的科技创新一般有四个阶段或四种方式。第一阶段是“过程创新”，即更合理地生产同一种产品。例如，原材料的变更和钢的连续浇铸，或者说采用更清洁的生产技术。一般而论，这种技术可以在微观层面提高倍数 2 的资源生产率。第二阶段是“产品创新”，即用更少的投入生产同样的或同价值的产品。例如，用轻便型小汽车取代传统型小汽车，用晶体管收音机代替电子管收音机。这种技术创新包括提高部件的性能、提高再生循环率、改善拆卸性和提高部件的再利用性能等。一般而论，其可以在微观层面提高倍数 5 的资源生产率。第三阶段是“产品替代”，这一个阶段是产品概念的变革和功能开发，即向社会提供用途相同但种类不同的产品或服务。例如，从用纸交流变

① 诸大建，《五倍级—缩减资源消耗，转型绿色经济》序．上海：上海人民出版社，2010.

为采用E-mail，用公交车代替私家车，一般而言是采用替代型的产品。这种技术可以提高倍数10的资源生产率。第四阶段是“系统创新”，这一个阶段是革新社会系统，追求结构和组织的变革。例如，租用而不是购买冲浪板，更合理地调度交通，一般而言是实现产品经济到功能经济的转换。这类创新可以达到倍数20的资源生产率。上述情况中，前两种方式属于一般性的技术改进，后两种方式属于系统性的结构改进。中国的经济社会发展要大幅度地提高资源生产率，就必须更多地关注“产品替代”和“系统革新”这样两种结构改进方式，沿着这个方向培育我们的科技创新能力。这样，才真正有可能在环境与发展的关系上实现跨越式的发展。①

456）发展与环境关系的转折点是经济增长带来的环境影响从正增长走向零增长，这时经济增长伴随的正环境影响与技术创新带来的负环境影响相互抵消。从IPAT公式进行分析，绿色创新的力度要大到资源生产率的改进速率不低于经济增长的速率，这绝对不是路径依赖的技术改进，而是非线性的技术变革。

457）把问题想通了，参加国内外各种会议我有了得心应手的感觉。2009年到纽约参加联合国环境署应对2008年金融危机的绿色新政方案研讨，我问方案起草人，搞绿色经济的

① 诸大建等，生态文明背景下循环经济理论的深化研究．中国科学院院刊，2013，28（02）：206—217.

目的是要提高资源效率还是要控制经济增长的物质规模。回答是前者，我感觉这样的思路不可能是一种强可持续性的解决方案。

458）2013年我到布鲁塞尔参加欧盟绿色周有关联合国环境署绿色经济战略的研讨，在台上与联合国环境署主任Steiner坐在一起。我发言说，绿色经济的政策，一般地提高资源生产率是不够的，需要有大规模的资源生产率革命。Steiner发言时说，我对绿色经济的解读是他听到的人中最深刻的。

459）2016年共享单车在中国问世，我各种场合给予力挺，说共享单车不卖产品卖服务，是具有系统创新意义的交通方式变革；后来各种风险资本涌入共享单车，共享单车投放失控，我写文章做演讲指出，共享单车作为共享经济的价值不是要拼投放量，而是要大幅度提高周转率即资源生产率。

460）从IPAT公式理解中国2030年碳达峰2060年碳中和，我强调中国发展需要经济结构和经济速度的双重转型：一是能源结构、产业结构、交通结构、建设用地结构需要转型，碳生产率到2030年要提高到每年4%～5%；二是经济增长的速度和规模需要调控，增长速度到2030年要从7时代退却到5时代。没有这样的绿色变革，二氧化碳达到峰值是不可能的。

461—470：从绿色经济到绿色发展

461）10月31日世界城市日，北京人民大会堂，我们与联合国开发署中国代表处共同发布中国城市可持续发展评估报告。这是我们基于绿色发展和生态福利绩效的概念，而不是流行的可持续发展评估概念，对中国35个大城市的可持续发展实证研究成果。联合国开发署中国代表处喜欢我们的概念和方法，把我们的研究课题作为旗舰项目进行了资助。

462）研究可持续发展，不仅需要区别增长（growth）和发展（development），还要搞清绿色经济与绿色发展的差异。如果绿色经济是资源环境友好的经济增长，可以用资源生产率测量绩效；那么绿色发展就是资源环境友好的社会繁荣。对于绿色发展，我提出要用生态福利绩效概念表示物质消耗最小化、社会福利最大化。

463）最早是看到世界自然基金会WWF的年度报告，用人均生态足迹EF表示物质消耗，用人类发展指数HDI表示社会福利。我产生了灵感，觉得可以把绿色经济公式GDP/EF中的GDP变换成为HDI，提出生态福利绩效公式HDI/EF = HDI/GDP × GDP/EF，其中GDP/EF是用生态足迹测算的全要素资源生产率，HDI/GDP是GDP的福利产出。

464）研读戴利的书《超越增长》，印象深刻的一个公式是“服务 / 流量 = 服务 / 存量 × 存量 / 流量”。Daly说，自然资本是最终的手段，技术和经济是中间的工具，最终的目的是提高社会福利和心里的安宁。我觉得这是对马斯洛五个需求更深层次的研究。解读生态经济学，我对Daly思想做了自己的发挥。

诸大建（2008）：从中可以看到，生态经济学的效率是要用最小化的自然消耗获得最大化的社会福利，具体地说就是社会福利应该最大化、自然消耗应该最小化、人造资本则是足够就行。于是，实现生态经济学意义上的发展，要注意两个脱钩：一是在生产效率上（GDP/EF），让经济增长与自然消耗的脱钩，即经济增长是低物质化的，这意味着资源节约型和环境友好型的生产和消费，前面所分析的生态门槛即自然资本对于经济增长的约束表明了这种脱钩的必要性；二是在服务效率上（WB/GDP），让生活质量（客观福利或者主观福利）与经济增长的脱钩，即要求在经济增长规模得到控制或人造资本存量稳定的情况下提高生活质量，前面所分析的福利门槛即到了一定门槛以后经济增长对于福利改进的效益是递减的表明了这种脱钩的可能性。以上两个脱钩清楚地表达了以福利为目标的生态文明与以增长为目标的工业文明的基本区别。在后者的情况下，一方面是用日益增加的资源消耗和环境影响来促进经济增长，另一方面是日益膨胀的经济增长并没有给人类的福利带来持续的增长。①

465）用生态福利绩效的概念，可以直观地表达可持续发展的三条发展曲线及其应该有的趋势。HDI 是社会福利的曲线，应该持续向上发展；GDP 是经济增长的曲线，最初的

① 诸大建，生态经济学：可持续发展的科学与管理 . 中国科学院院刊，2008，23（08）：520—530.

时候需要高增长，后来的发展趋势应该走向平缓；EF 是物质消耗的曲线，其发展的趋势开始是向上的，后来应该拐头向下。

466）生态福利绩效强调，可持续发展需要在资源环境极限内实现经济社会繁荣。这个大的脱钩由两个小的脱钩组成。一个是通过可持续发展的生产和消费，使得经济增长与物质消耗脱钩，不会逾越生态环境的极限；另一个是通过可持续发展的社会调节，使得社会福利与经济增长脱钩，打破经济增长的福利门槛。

467）用 HDI、GDP、EF 做顶点可以形成生态福利绩效的三角形。三条边分别是：HDI 与 GDP 之间是 GDP 的福利产出即 HDI/GDP，GDP 与 EF 之间是生态足迹的资源生产率，HDI 与 EF 之间是生态足迹的人类发展水平。任何一条边都可以表达为其他两个边的乘积，如 HDI/EF = HDI/GDP × GDP/EF。

468）我们的中国 35 个大城市可持续发展评估，用人类发展指标和环境消耗指标建立二维矩阵，区分了四种类型，即高人类发展—低环境消耗，高人类发展—高环境消耗，低人类发展—低环境消耗，低人类发展—高环境消耗。有意思的发现是，北上广深等经济领先城市常常落在高人类发展—高环境消耗的象限，有高的资源生产率但是没有高的生态福利绩效。

469）研究 G20 国家的生态福利绩效，得到了同样的发现。从横向上看，发达国家的资源生产率通常高于发展中国家，但是生态福利绩效不一定高，因为穷富差距导致经济的服务效率不高。因此世界走向可持续发展，发达国家需要解决穷富两极分化提高经济的服务效率；发展中国家需要通过可持续性的生产与消费提高资源生产率。

470）从纵向上看，发展常常可以分为两个阶段，第一个阶段是以增量扩展为主导的物质增长阶段，这时候的重点是提高资源生产率；第二个阶段是以存量优化为主导的功能优化阶段，这时候的重点是提高物质存量的服务效率。经济领先的国家或城市走向可持续发展，在达到高的经济社会发展之后，需要懂得适时从前者转向后者。

诸大建（2007）：改革开放近30年来，中国创造的经济奇迹已经得到世界公认，其远景继续在得到乐观的评价；但对中国发展的资源环境问题，国内外的许多人却表现出日益增长的担忧。面对中国经济奇迹和中国环境威胁的观点冲突，面对2020年中国经济将在2000年基础上继续翻两番的目标，我们需要提出这样一个战略性的命题：中国未来的发展能否走出一条“低物质化”的发展路径，从而在保持经济持续增长的同时创造一个为世界注目的环境奇迹？①

① 诸大建，2020：中国能否创造一个环境奇迹．文汇报，2007年6月17日，第6版．

471—480：绿色发展与三类服务

471）2010 年到中南海做讲解，之前上海领导接见说，国内政策语言强调绿色发展、低碳发展、循环发展，而不是绿色经济、低碳经济、循环经济。这正好中我心意，我觉得用生态福利绩效研究绿色发展有升维意义。同时也有了灵感，觉得讲绿色发展要引入三种服务的概念，即基于人造资本的物品服务、基于人力资本的人力服务，基于自然资本的生态服务。

472）三种不同的服务是可持续发展三条发展曲线的操作化体现，可以放在两个发展半球的框架中统一进行解读。上半球是人类发展需要满足的功能性需求，下半球是不同类型的资本输入。其中，满足物质需要要提供基于产品的服务，满足社会需要要提供基于人力的服务，满足生态需要要提供基于生态的服务。

473）三种服务各有各的绿色意义和作用。基于物质产品的服务，要降低产品中的物质消耗和能源消耗，提高产品的服务价值；基于人力资源的服务，要用可再生的人力资源替代不可再生的物质资源，通过延长产品寿命周期和扩大就业减少资源消耗和环境影响；基于自然资本的服务，要满足人民群众日益增长的生态物品和生态服务需要。

474）逐一进行解读，发展基于产品的服务经济，是指由产品引申过来的服务经济即产品服务系统。如果产品的生产是制造，产品的使用就是服务。强调基于产品的服务经济的新意在于：要获得产品的服务，并不一定非要拥有产品不可，而是可以采取租用、借用、第三方支付等多种形式。

475）按照循环经济的理念，许多现在通过购买获得的产品服务，大都可以通过租用或者共享来实现，例如社区洗衣房替代私人洗衣机，公共交通服务替代私人汽车出行。这样的话，就可以大幅度减去家里所拥有的东西，从“什么都要有的生活”变成“适度拥有的生活”，生活会变得轻盈、方便和舒适。

476）发展基于人力的服务经济，是指没有或者较少实体产品介入的、主要由个人或者组织提供的服务。例如教育、医疗、养老等，属于标准的第三产业即服务业概念。实际上，人对基于产品的物质需求并不是很多的，除了足够的食物、衣服以及头上的屋顶和睡觉的床之外，其他的需求就是各种各样的人工服务了。

477）对于人类提供的狭义服务业，当前强调较多的是发展生产性服务业，例如咨询、会计、银行、证券等。但是这样的服务经济仍然是产品导向而不是生活导向的。中国的经济要从增长导向向民生导向转变，就需要加强社会性服务业的比重，包括发展教育、医疗、养老、住房、就业、交通等。

478）基于自然的服务包括了自然资源供给、环境净化能力，生态美感与愉悦等，这是无法由人力与产品所替代的。随着经济对自然的消耗增大，自然系统的服务对人类生活质量变得越来越稀缺和重要。因此，保护足够存量的生态资本以及有效使用它们提供的自然服务，需要越来越多地纳入服务经济的范畴。

479）发展基于自然的服务是生态价值核算（Gross Ecological Product，即 GEP）的理论基础和出发点。一个地区的发展不仅需要衡量经济上的 GDP 产出和增长，还要衡量生态上的 GEP 的产出和变化。如果一个地方的生态服务和生态价值是增长的，说明这个地方的环境与发展是并进的；反之，如果因为经济增长而亏损了，那么这个地方的发展就不是绿色发展导向的。

480）传统的经济增长过度关注物质资本提供的服务，搞可持续发展需要平衡提供多元化的服务。2021 年，中国发展从全面建设小康社会进入全面建设现代化国家的新阶段，从工业经济和高速度增长向服务经济和高质量发展转型，我认为特别需要形成基于三种服务的广义服务战略，这样才能从满足人民群众的物质生活需求进入到满足人民群众的美好生活需求。

481—490：冲破中等收入陷阱

481）生态福利绩效概念成为我的看家本领，用来研究中国如何从低阶段的高速度增长走向高阶段的高质量发展，得出了一些自己独有的看法。其中之一是，我发现流行的中国“中等收入陷阱”说其实禁不住仔细推敲。我的看法当然不是基于我认为怎么样的一厢情愿，而是基于有分析性的学术思考。

482）世界银行按照人均 GDP 将国家分为五个层级。从下往上依次为：人均低于 360 或 720 美元（每天 1—2 美元）为贫穷，人均 360—1000 美元为低收入，人均 1000—10000 美元为中等收入（以 4000 美元为界分为中下和中上），高于 1 万美元为高收入。其中，人均低于 1 万美元是发展中国家，人均高于 1 万美元是发达国家。

483）改革开放初，邓小平提出了中国现代化的三步走战略：第一步温饱，是 1980 年代的 10 年人均 GDP 要翻一番达到 500 美元；第二步小康，是 1990 年代的 10 年再翻一番达到人均 1000 美元；第三步基本实现现代化，是到 21 世纪中叶再翻两番达到中等收入水平即人均 4000 美元。

484）进入 21 世纪，邓小平的第一步和第二步战略先后实现。领导人细化第三步发展战略，新的 20 年设想是到 2020 年中国的经济增长要再翻两番，这样就把邓小平的第三步目标大大提前了。实际上，2001 年中国加入 WTO 后经济增长速度和规模大大超出预想，结果 2020 年 GDP 总量达到 100 万亿 RMB，人均 GDP 达到 1 万美元，是 2000 年的 10 倍。

485）2008 年的金融危机是对世界和中国发展的重要插曲，上上下下开始讨论中国发展前景的两种可能性：一种可能性是中国顺利实现工业化、现代化，人均 GDP 进入高收入国家行列；另一种可能性是落入“中等收入陷阱”，人均 GDP 上不去，经济社会发展长期徘徊不前，甚至出现社会动荡和倒退。

中等收入陷阱（middle-incom trap）：概念来自世界银行2007年的主题报告《东亚复兴：关于经济增长的观点》，基本含义是很少有中等收入的经济体能够成功跻身为高收入国家，这些国家往往陷入经济增长的停滞期，既无法在工资方面与低收入国家竞争，又无法在尖端技术研制方面与富裕国家竞争。这被认为是一种带有普遍性的现象和一个世界性的发展难题。

486）中等收入陷阱是一个中长期的概念。基于72定律，我个人对将“中等收入陷阱”概念用于中国持有不同的看法。一方面，我不认为中国的经济增长会陷入“中等收入陷阱”，因为这意味着中国经济增长速度会长期停留在相当低的水平；另一方面，讨论中等收入陷阱问题，我认为是要强调从高速度增长走向高质量发展，注意经济、社会、生态的协调发展。

487）经济学上有一个“72定律”，指出翻番的时间t等于72/x，其中x是年平均增长率。因此，如果要求中国经济增长每10年翻一番，年平均经济增长率就不能低于7.2%。反过来，如果知道年平均增长率是多少，就可以知道翻一番需要多少时间。例如知道年增长率是10%，就可以知道翻番的时间是7.2年。

488）我粗略计算过，如果2010到2035年甚至2050年中国陷入中等收入陷阱出不来，即一直进入不了1万美元以上的高收入水平，按照72定律就是25年内中国的平均增长率会小于3%。要中国经济增长从过去40年的2位数高增长突然跌落到只有 3% 以下从此一蹶不振，这样的情况除非有极端不可控制事件发生，否则绝对是小概率事件。

489）实际上 2021 年，中国完成全面小康社会建设，进入全面建设现代化国家新阶段，国家制定十四五规划和新的 15 年发展战略。经济增长目标设定为到 2035 年再翻一番达到人均 2 万美元，按照 72 定律，平均年增长率是在 5% 左右。这样以 2020 年人均 1 万美元为基准年，到 2025 年左右，估计就可以冲破中等收入陷阱人均 1.2 万美元的门槛线。

490）从生态福利绩效概念看中国发展，我觉得需要关心的不是中等收入陷阱问题，而是与高质量发展有关的两个脱钩问题。一是中国的经济增长能否脱离资源环境的高消耗，实现经济增长与自然消耗的脱钩；二是中国的经济增长能否带来共同富裕和社会和谐发展，实现经济增长与穷富差距的脱钩。

491—500：共同富裕和跨越福利门槛

491）讨论区域差异，流行看法是要消除人均 GDP 之间的差异。其实许多人有感受，去过中国许多地方，除了东部沿海发达地区，还有贵州、云南、新疆、青海等西部，发现尽管经济增长有差异，基本生活差距并没有想象的那么大。我认为，消除经济差距既没有必要也没有可能，重要的是消除基本公共服务的差距，在非高经济水平实现高的社会发展。

492）展望中国未来 15 年，我觉得会有信心看到三个兴奋点：一是 2025 年中国人均 GDP 达到 1.3 万美元，开始从中收入国家进入高收入行列；二是 2030 年碳达峰，人均二氧化碳排放 8 吨左右，经济增长与资源环境开始脱钩；三是 2035 年人均 GDP 达到 2 万美元，基尼系数位于 0.3—0.4 区间，HDI 超过 0.8 进入极高水平。

493）中国的 2035 战略已经把人民第一和共同富裕放在重要位置，如果如愿以偿，届时就有可能超越福利门槛的诅咒，走出不同于西方国家的发展道路。尽管 2035 年中国人均 GDP 相对 2020 年可以翻番到 2 万美元，但是与发达国家相比仍然属于低的，重要的是中国人均 GDP 创造的社会福祉和老百姓的获得感可以比西方国家强。

494）我把改革开放以来中国提高社会福祉的进程分为三阶段：第一个 20 年 1980—2000 年效率原则为主导，一部分人先富，社会福利是加和最大化；第二个 20 年 2001—2020 年公平原则开始主导，扩大中产阶级，社会福利是乘积最大化；未来 15 年 2021—2035 年要共享原则作主导，底层提升速度加快，社会福利是最小者最大化。

495）第一个 20 年，邓小平提出“一部分人先富起来，然后共同富裕”的思想，万元户开始被认为是个人致富的先行者。1980 年代，个人致富者的门槛是年收入以万计，流动资产几十万。以后每隔十年提高了一个数量级，即 1990 年代收入以十万计，流动资产百万计；本世纪初收入百万计，流动资产千万计。

496）2021 年去世的上海人杨百万，是上世纪个人通过合法手段致富的案例。1988 年他到合肥买进国库券，到上海溢价卖出国库券，第一桶金赚了 800 元，他说这是挣了 20 个月在工厂工作的工资，把 1 年多的收入挣过来了。后来到证券交易所买股票，第一次买了 100 元面值的电子真空股票 2000 股，盈利后开始有了“杨百万”的称号。

497）进入 21 世纪，中国发展努力扩大中产阶级，希望形成橄榄形社会。我常常用中国常住人口城镇化的比率判断中产阶级的规模，因为中产阶级人数与城镇化规模是成正比的。2020 年中国常住人口城镇化率达到 60.34%，全国有 8.37 亿人生活在城镇中。打一个对折，估计中国中产阶级的人数超过了 4 亿。

498）与此同时，中国基尼系数进入高位区间。据国家统计局的数据，1978 年中国的基尼系数为 0.317，自 2000 年开始越过 0.4 的警戒线逐年上升，2004 年后国家统计局没有公布基尼系数。从相关资料查得，最近 20 年来总体呈现先攀升后稳定的态势，2003 年至今十多年基尼系数一直位于 0.46 以上。

499）2020 年制定十四五规划，有人认为中国还可以用 8% 的增长率高速增长 30 年。高层最后决定的是到 2035 年用 15 年时间再翻一番，这是主动把经济增长率下调到 5% 左右。我认为这样的决策符合高质量发展和生态福利绩效概念。到 2035 年中国不需要与发达国家比人均 GDP，而是要比人均 GDP 带来的社会福利，要比如何共享发展成果。

500）我认为，未来15年的中国高质量发展要在两个方面进行重点突破。一是要从关注人均GDP增长到关注人类发展水平提高，希望到2035年中国人类发展指数达到0.8，进入极高发展水平。二是推进基本公共服务的空间均等化，要建设15分钟生活圈，致力于提高家门口的养老、医疗、上学等公共服务设施建设和服务水平。

第二次理论整合与合作治理：501—600

研究可持续发展与合作治理，我提出了在组织之间加强界面管理的想法，真正结合实际研究政府与非政府之间的合作治理，是2003年从解读环同济圈案例和杨浦三区联动开始的。

501—510：从环同济圈案例看治理

501）研究可持续发展与管理，从政府、企业、社会三类组织形成的主体三角形，我的理论直觉是组织之间的合作治理关键在于界面管理。真正结合实际从界面管理入手研究合作治理，是从2003年解读环同济圈案例和杨浦三区联动开始的，我引入了知识经济的三螺旋理论和创意经济的3T理论进行分析。

502）环同济知识经济圈的发生发展源于同济大学在校园外的知识溢出。同济大学的土木、建筑、城市规划等学科有较高的社会价值和社会声誉，从 1980 年代以来就在同济周边有自发的溢出效应。进入 21 世纪，大学、政府、市场一起发力，环同济知识经济圈的发展到了突显和提升的时刻。

503）2003 年，地方政府有心在同济大学周边构建一条环同济产业带。2005 年，同济大学时任校长万钢和杨浦区时任区委书记陈安杰的一次茶叙，沟通了双方的想法。2007 年同济大学百年校庆，与杨浦区正式签订《杨浦环同济知识经济圈建设合作协议》，“环同济知识经济圈”开始了全面建设的进程。

万钢，1952 年生。1975—1978 年在东北林业大学学习。1979—1981 年同济大学硕士研究生，毕业后留校任教。1985—1991 年为德国克劳斯塔尔工业大学博士研究生。1991—2001 年在德国奥迪汽车公司任职。2001—2004 年回国在同济大学任教。2004—2007 年任同济大学校长。2007 年后先后任科学技术部部长、中国科学技术协会主席和全国政协副主席。

504）经过近二十年的发展，目前“环同济知识经济圈”已经成为一个有规模的城市经济综合体，产值从 2002 年的 10 亿和 2007 年的 80 亿，发展到 2015 年超过 300 亿元，2018 年达到 415 亿元。开始的自下而上知识外溢，通过后来的上下互动，最终形成了独特的城市创新空间，成为知识、人才、产业互动发展的高地。

505）我有科学技术研究（STS）的背景，2002 年看到同济周边有许多教授和研究生在办规划设计产业，觉得这是值得研究的，特别是可以探索合作治理问题的话题。遇到有趣的事情，我是温度可以很快上升的人，马上带领博士生收集数据，写了现在看来是最早讨论环同济经济圈的研究报告和论文。

诸大建等（2003）：在当前有关上海新一轮发展的讨论中，普遍认为从人均 5000 美元到人均 8000 美元是上海当前发展的一个门槛。因为，人均 5000 美元以下的传统型制造产业，由于上海商务成本的增高将越来越多地向周边地区扩散；而人均 5000 美元以上的产业特别是高科技制造业和知识型服务业，还没有强大到可以挑起上海未来经济发展的重任。面对上海当前的这个结构性挑战，政府既要通过自上而下的推动，加快发展高层次的科技园区产业；也要善于发现基于市场力量自下而上形成的各种知识型产业并予以培育。我们研究了“同济现代建筑设计街”的形成过程，分析了它的产业结构特点以及政府与市场在其中所起的作用，指出“同济现代建筑设计街”代表着知识型产业的一种形成模式，可以为上海如何基于市场机制发展有竞争力的知识型产业提供启示。①

① 诸大建等，知识型产业的一种形成模式——对赤峰路“同济现代建筑设计街”的初步研究 . 上海改革，2003,（09）：3—5.

506）我们认为环同济知识经济圈发展得益于大学、企业、政府三者的互动，可以用埃茨科威兹的创业型大学和三螺旋理论进行解释。后来进一步用 Florida 创意城市的 3T 理论解释说，大学的作用是产生人才，企业的作用是技术创新，政府的作用是创造环境。这些研究对学校和政府决策发挥了最初的理论支撑作用。

H. 埃茨科威兹（H. Etzkowitz）。社会学博士，曾在哥伦比亚大学师从科学社会学创始人默顿做博士后研究。1990 年代起在纽约州立大学研究大学—产业—政府关系，提出了创业型大学和三螺旋的理论。著有《麻省理工学院与创业型科学》（2002）、《三螺旋—大学・产业・政府三元一体的创新战略》（2004）等。

R. 佛罗里达（R. Florida），1957 年生。城市经济学家，现为加拿大多伦多大学罗特曼管理学院教授。1986 年获哥伦比亚大学博士学位，1987—2005 年在卡内基梅隆大学海兹公共政策和管理学院执教，2005—2007 年任乔治梅森大学教授。2002 年出版《创意阶级的崛起》一书，提出了技术—人才—包容的创意城市 3T 理论。

507）2003 年杨浦区提出校区、园区、社区三区联动的发展设想，陈安杰书记找我进行讨论。我说，三区联动的理论基础是三螺旋理论和创意阶级的 3T 理论，可以把三区联动、三螺旋、3T 理论整合起来提高理论高度和战略高度。三螺旋是城市转型的行为主体，三区联动是他们的空间表现，3T 理论可以解释各自的作用。

508）我说，杨浦区有三个百年即百年工业、百年大学、百年市政的传统，现在的城市转型是三方面的转型。百年工业要从传统的制造业转型服务化制造业，百年大学要从传统的研究型大学转型有社会服务的创业型大学，百年市政要从传统的工业城区的基础设施转向创意城市的包容性环境。

509）我感觉，2005 年到哈佛做访问学者研究面向可持续发展的城市治理问题是有用的。从环同济和杨浦三区联动案例认识到工业经济时代，城市发展的主体只有企业与政府，大学对于城市发展是局外人。现在进入知识经济时代，城市的主体从二元走向三元，大学从边缘走向中间，需要并且可以成为创新城市的策源者。

510）2018 年，担任中国科协主席的万钢回同济主持区校两边参与的研讨会，讨论环同济圈的未来发展。我把三区联动与可持续发展结合起来，发言说环同济发展的升级版要有可持续发展导向的生产、生活、生态三生效益。万钢在总结中说，环同济圈的未来发展要超越经济指标，要建设成为可持续发展的城市知识经济引领区。

511—520：研究治理为了什么

511）国内学界刚刚开始研究治理的时候，我被邀请参加上海政治学会的一次研讨。发言时我说“Governance for what？”是前提性问题，发表看法说治理研究需要为发展服务，特别是要研究面向可持续发展的公共治理。时任会长总结时说，诸教授的研究看起来是治理研究的方向，我们不能就治理谈治理，不能脱离发展谈治理。

512）提出这个问题，我有自问自答的意思。研究宏观管理和公共政策，觉得面向可持续发展的治理研究是可以花功夫钻研的环节。一方面，传统的公共行政研究是政府内部管理导向的，较少关注外部的公共事务发展；另一方面，各方面研究治理各有各的主体，没有注意到利益相关者的合作治理是可持续发展的必然要求。

513）研究可持续发展与管理，我深感合作治理在可持续发展中的重要性。我说，没有可持续发展的治理研究是盲目的，没有治理保障的可持续发展是空洞的。我同意世界银行在2000年出版的《增长的质量》报告中强调的，合作治理应该成为可持续发展的第四个支柱，应该在可持续发展分析框架中作为有整合性意义的环节。

《增长的质量》，V. 托马斯（V. Thomas）等著，2000年出版，2016年再版。世界银行千禧丛书之一，曾被译为10种语言在多国出版。世纪之交盘点世界发展的成就和挑战，提出要重新思考发展的本质。17年之后发展面临新的挑战，该书修订再版再次强调发展要着眼于提高经济增长质量，关注环境和社会的可持续性以及更好的治理。

514)《增长的质量》建立了一个三层次的发展研究框架，指出从增长的数量到增长的质量需要三方面的转变。一是在目标层次，要从关注经济增长到关注社会福祉；二是在资本层次，要从物质资本扩展到包括人力资本和自然资本；三是在机制层次，要从传统的政府管制或市场机制提升到合作治理。

515）正是吸收了这样的研究框架，我认为可持续发展的分析要有几个三角形关系。第一个是对象维度上的经济、社会、环境三角形关系，第二个是过程维度上的状态、原因、对策三角形关系；第三个是治理维度上的政府、企业、社会组织三角形关系。研究面向可持续发展的合作治理，我觉得需要深入讨论三个关键问题。

516）第一个关键问题是可持续发展需要多元主体，理由是可持续发展涉及经济、社会、环境三种不同的物品，需要考虑不同的利益，光靠一种行为主体和一种制度机制不能实现可持续发展。这方面奥斯特罗姆有关公共池塘物品的制度分析是非常经典的，她说政府和市场机制之外，还需要社区自治机制。

517）2010年读到荷兰范图尔德的书《动荡时代的企业责任》(2010)，这本书从合作治理的大格局谈企业社会责任问题，用很大笔墨讲了社会治理三角形的一般问题，对我研究可持续发展与合作治理有很多启发。研读这本书的初心是要给 EMBA 讲企业社会责任，结果更大的收获是建立合作治理的一般理论和分析框架。

《动荡时代的企业责任》，R. 范圈尔德（R. van Tulder）著，2005 年出版。从国家、市场和公民社会的三角关系和相关原理解读企业社会责任，提出社会整体界面管理的概念。认为应对 21 世纪的问题和挑战，需要加强企业与政府、社会组织的合作，企业要向可持续发展企业转型，并行使相应的社会责任。

518）第二个关键问题是可持续发展需要合作治理。传统理论认为，企业单独地提供市场物品和服务，政府单独地提供公共物品和服务，这是基于每一种生产都只有单一的目的。可持续发展的研究则认为，即使同样的对象也需要多重主体的合作，因为每一个物品和服务都有三重利益的整合问题，市场物品是如此，公共物品更是如此。

519）第三个关键问题是可持续发展需要政府掌舵。2005 年在哈佛访学，我思考什么样的治理组合可以有可持续发展的政策效果，得到的发现是：没有政府也没有非政府组织参与的治理效果最差，有非政府组织参与无政府作为的治理效果其差，有政府主导无非政府组织参与的治理会有结果，但是最好的结果来自政府组织与非政府组织的合作治理。

520）国内讨论治理问题可以看到三种不同的认识境界，

三种境界需要由浅入深发展。第一种认为公共事务治理需要多元组织参与，合作是各自干各自擅长的事情；第二种认为公共事务治理要互动，关键是不同组织在交界面上相互渗透；第三种认为公共治理不是简单的多元合作，而是需要有政府掌舵的有核心有多元的过程。

521—530：解读奥斯特罗姆

521）2009 年奥斯特罗姆（与威廉姆森）荣获诺贝尔经济学奖，成为第一个获得此项殊荣的女学者。学院请我在全院大会上解读奥斯特罗姆的理论和意义，这当然是我有激情的事情。讲完后大家说我讲得好，我觉得讲清楚了奥斯特罗姆对哈丁公地悲剧的替代性解决方案是什么，讲出了她的研究对可持续发展与治理的融合意义。

E. 奥斯特罗姆（E. Ostrom，1933—2012）。主要研究公共池塘资源、多中心治理、可持续发展与治理等。1965 年加州大学洛杉矶分校政治学博士。1966 年起在印第安纳大学任教，1974 年评为教授。1991 年当选美国艺术与科学院院士，2001 年当选美国国家科学院院士。2009 年获诺贝尔经济学奖。著有《管理公共池塘物品》（1990）等。

522）许多经济学家以前不知道奥斯特罗姆是谁，质疑诺贝尔经济学奖怎么颁给了政治学家。我却为这次诺贝尔颁奖叫好，说是难得的一次对跨学科研究成果的颁奖。研究可持续发展，我认为至少有两个人的研究应该获奖，一个是前面提到的研究可持续发展经济学的Daly，一个就是研究制度分析和发展（IAD）的奥斯特罗姆。

523）我很早就开始关注奥斯特罗姆，研读过她的书《管理公共池塘物品》(1990）和《制度激励与可持续发展》(1993)，推荐博士生到印第安纳大学的奥斯特罗姆研究所访学，研究团队引进了做这方面研究的海归博士。担任英文杂志《Ecological Economics》的国际编委，我很高兴发现奥斯特罗姆也在编委的名单里。

524）奥斯特罗姆的研究是从哈丁的公地悲剧或公共池塘资源问题（CPRs）开始的。1968年，哈丁发表论文说，公共池塘资源（common pool resources）是开放的牧场，谁都可以去放牧，结果个人利益最大化，导致了集体利益的最小化。哈丁对公地悲剧开出的药方是传统的，或者国有化要政府出手管制，或者私有化产权要明晰。

公地的悲剧（Tragedy of Commons)：1968年，美国学者哈定在Science杂志发表题为《公地的悲剧》的文章，设置了这样一个场景：一群牧民在公共草场放牧，每个牧民都想多养羊增加个人收益。哈丁说如果每一位牧民都如此思考，“公地悲剧”就上演了—草场持续退化，直至无法养羊，最终导致所有牧民破产。

525）奥斯特罗姆指出，面对公共池塘物品，传统的解决方案常常失灵。政府管制失灵，因为粗放的管理甚至腐败不能保证公地资源不被损害；私有化失灵，因为对经济利益的追逐导致公地资源过度消耗。奥斯特鲁姆认为，社会自治机制可以提供第三种有效的解决方案，通过多中心治理可以防止公共池塘物品的滥用和退化。

526）我对奥斯特罗姆有兴趣，主要是因为她把治理与可持续发展融合了起来。学术界，搞可持续发展的常常不搞治理，搞治理的常常不搞可持续发展，奥斯特鲁姆是做两者融合的研究。奥斯特罗姆在哈佛 Clark 教授发起的可持续性科学论坛上讲过可持续发展与治理，生前对全球气候问题提出过基于制度分析和合作治理的建议。

527）奥斯特罗姆的书读起来有点晦涩，我结合她的学术生平，前前后后读了好多遍。许多人强调她的学术贡献是公共池塘资源治理，我则认为她提出了有关可持续性治理的更具有一般意义的三个命题，对我前面提到的三个关键问题给出了有说服力的解答，对从治理角度研究可持续发展可以提供重要的思想启迪。

528）命题 1 是互补性原理，即政府、市场、社会自治三种机制不是替代的而是互补的，每一个机制可以解决发展中的一些问题，每个机制都不可能单一地解决所有问题。奥斯特罗姆说，实现可持续发展遇到的第一个挑战是万能药的挑战，她不认为治理研究存在唯一的最好方式，即使自己提出的社区治理也不是。

529）命题 2 是合作性原理，即实现可持续发展，不能只有政府、企业、社会组织的单一行动，而是需要主体间的界面合作才能成功。针对传统的公共物品政府理论，奥斯特罗姆强调了安排者与生产者的区别，强调公共物品和服务当然需要政府进行安排，但是可以由政府和非政府的企业和社会组织合作提供或者合作生产。

530）命题 3 是多中心原理。奥斯特罗姆分析了集权、分权和多中心三种情况，认为可持续发展的治理体系应该以分布式的多中心为特点。她强调，各方面落后、经济上反应迟钝是不发达国家普遍存在的问题。因此，如果要取得好的经济增长和社会发展，政府就要扮演一个必不可少的负有综合作用的角色。

531—540：新的稀缺与公共治理

531）可持续发展需要治理的重大现实问题是，工业革命以来，经济增长使得满足人类物质需求的人造物品从稀缺变成了过剩，与此对照的是在社会、环境等领域创造了新的稀缺。有理论思维的美国企业家巴恩斯写了《资本主义 3.0》（2006）一书，针对这个问题，提出需要发展公共权益信托组织来管理公共池塘物品。

《资本主义 3.0》，P. 巴恩斯（P. Barnes）著，2006 年出版。揭示资本主义是如何如计算机一样被操作系统所驱动的。现在的操作系统将太多的优势赋予了追求利益最大化的企业，而正是这些企业在吞噬着公共权益。政府理论上应该是公共权益的保护者，但是大多数情况下已沦为这些企业的工具。巴恩斯提出了一个修正的操作系统即资本主义 3.0 来保护公共权益。

532）巴恩斯认为，现代化之前到处都是公共池塘物品，随着资本主义发展，开始出现两条此消彼长的曲线，一方面是私有企业越来越强，另一方面是公共权益愈行愈弱。他认为到 20 世纪 50 年代，如加尔布雷思的《富裕社会》(1958）一书所说，资本主义达到了一个新的阶段。此前可以叫短缺资本主义，此后可以叫过剩资本主义。

J. K. 加尔布雷思（J. K. Galbraith，1908—2006），经济学家和新制度学派领军人物。1931 年获加拿大安大略省农学院学士学位。1934 年获加利福尼亚大学农业经济博士学位。1934 年起在哈佛大学任教，1949 年任哈佛大学经济学教授。1972 年当选美国经济学会会长。著有《富裕社会》(1958）等。

533）巴恩斯说，过剩资本主义社会导致了三类公共权益的损害和减少。第一类是自然公共权益，包括河流、森林、湿地、鱼类、空气等典型的公共池塘资源；第二类是社区公共权益，包括街道、博物馆、图书馆、农贸市场、街头花园等等；第三类是文化公共权益，包括街舞、语言、互联网等等。

534）如果短缺资本主义是1.0，过剩资本主义是2.0，现在需要进入资本主义3.0。政府和私有企业解决公共权益存在着严重的失灵，资本主义3.0的变革是在政府和市场之外发展公共权益信托组织。要通过这些组织保护和发展公共权益，使得人们在享受私有物品的同时也有足够的公共权益物品。

535）如果政府直接管理公共权益是国有化，将公共权益简单交给企业是私有化，巴恩斯认为创新的公共权益信托组织应该是资产化。资本主义3.0社会，关注“我”的私有企业与关注“我们”的公共权益将会从相互消耗、此消彼长变成为相互制约、彼此增进，政府作用是保持“我”与“我们”两者之间的平衡。

537）巴恩斯区别了政府组织、企业组织、信托组织的差异。说企业组织主要对股东负责，目标是利润最大化，可以转移拥有权；政府组织主要对选民负责，目标是赢得更多的选票，不可以转移选举权；信托组织主要对社区人口负责，目标是保护公共权益，可以有使用权，不可以转移拥有权。

536）公共权益信托组织的典型事例是1976年成立的阿拉斯加永久基金。目的是要缓和将土地租赁给石油公司开采石油带来的影响，通过投资股票、债券等资产，每年给常住一年以上的居民以一人一股方式分红。2019 年我去阿拉斯加旅游，与当地人闲聊，发现老百姓对这事是有满意感的。

538）巴恩斯的分析，说明社会发展从经济增长转向可持续发展需要组织创新和治理创新。市场主义和经济增长解决了人的物质需要问题，却带来了社会、环境方面的供给短缺。可持续发展希望达到新的平衡，在政府组织、市场组织之外发展公益性的信托组织是治理能力提高的表现。

539）改革开放以前的中国也是物品短缺，无法满足社会的物质生活需求，这与一大二公、计划经济的体制安排有关联性。改革开放以来，引入市场机制发展企业组织，促进了私人物品和私人服务的发展。这是中国治理体系和治理能力的提高，通过全面建设小康社会解决了老百姓的物质生活需求。

540）2021 年中国开始全面建设现代化国家，发展目标从满足老百姓的物质生活需求提升到满足老百姓的美好生活需求，关键是要有足够的环境类、社会类、文化类公共权益物品。与社会需求向可持续发展转型相一致，中国提出了在公共治理领域实现治理体系和治理能力现代化的发展目标。

541—550：合作治理与界面管理

541）可持续发展需要合作治理，不仅是因为不同的事务和服务，需要不同擅长的组织发挥作用；也因为一些大型复杂事务和项目，常常需要不同的组织参与。在可持续发展的背景下，许多发展事务不再是单一目标而是多元目标，而传统的以单一目标为宗旨的组织是无法应对这种状况的，于是就需要不同的组织在同一个项目上的合作。

542）组织之间的合作经常发生在三种不同的界面。一是政府与政府之间的界面特别是横向界面，二是政府与企业组织之间的界面，三是政府与社会组织之间的界面。研究合作治理要真正有利于解决可持续发展的挑战，就需要进入到这样的界面中去。因此，我常常说可持续导向的合作治理本质上是组织之间的界面管理。

543）2005年在哈佛看到《网络化治理：公共管理的新形态》（2004）一书，觉得很对胃口。作者在印第安纳当过市长，去职后到肯尼迪学院当教授，对城市公共事务管理如何加强政府、企业、社会组织之间的界面合作有很多感悟。我觉得把书中有关界面管理的思想与可持续发展研究结合起来，才真正具有新公共管理研究的意义。

《网络化治理》，S. 戈德史密斯和 W. 埃格斯（S. Goldsmith & W. Eggers）著，2004年出版。本书认为网络化治理是公共管理的新形态，强调除按照传统的自上而下层级结构建立纵向的权力线以外，政府治理必须依靠种种合作伙伴建立起横向的行动线。这是新发展阶段下政府提高绩效和增强责任性的基础。

544）我自己也参与过一些有趣的案例，写过界面管理的研究文章。例如政府与政府之间的横向合作界面，参与过1990年代上海苏州河跨部门治理的政策咨询；政府与大学之间的界面，解读过上海杨浦区从工业城区到知识城区的三区联动案例；政府与企业界面，提出共享单车的发展需要政府与企业合作的广义PPP模式。

545）长三角绿色生态一体化示范区是最近关注的政府横向合作案例。示范区跨越上海、江苏、浙江两省一市，具体涉及青浦、吴江、嘉善三个区县。三个地区的发展有阶段上和资源上的差异，区域协调的传统做法，是用自上而下的科层制命令式机制；现在的探索是要采用横向协商的机制解决问题，通过两省一市的合作办公进行推进。

546）示范区需要在规划布局、产业发展、设施建设、公共服务、生态环境、社会治理等六个方面实现“一体化”。如何用合作治理模式进行推进，以参加有关污染治理的研讨为例，目前各地环境准入标准不尽相同，如果大家把各自的标准晒出来，互相对照，找到三地可以接受的公约数，就可以向着共同的方向分步进行努力。

547）在政府与企业之间的界面，需要对PPP即公私合作关系有新的认识。传统上人们基于公共行政的理论，由政府安排和生产公共服务，有公共性缺效率性；之后搞基于新公共管理的PPP，关注了效率问题但是缺失了公共性，出现了一些与公共价值有冲突的伪PPP；现在转向可持续性治理的PPP，是要强调公共性与效率性的整合。

548）我用可持续发展的PPP概念解读共享单车的意义和问题，建言献策指出城市交通搞共享骑行需要由两部分组成，即共享单车与共享空间。两者关系为互补性，即共享单车发展需要共享空间配套，现在小汽车导向的城市空间是不适应共享单车发展的。要解决这个问题，单靠企业或政府都不行，需要采取PPP的模式进行治理创新。

诸大建（2017）：今天我们抱怨共享单车过度投放造成乱停乱放，这是假定现有的城市空间是合理的。共享单车过度投放的问题当然需要管控，但是从本质上考虑问题，城市空间是否就是自行车友好的？如果不是，是否需要主动地进行空间调整？改革开放以来中国的城市发展，一开始就定为建设小汽车为导向的城市，例如深圳等新建城市。而上海、北京等老城市，经过以小汽车为导向的道路改造，原来的步行和自行车交通系统也已经大大衰退了。因此，城市共享出行需要讨论共享交通与共享空间的整合，这是更加战略性的问题。过去一年多来，企业自下而上推出了共享单车服务，随后的共享空间调整应该如何推进，如果这个问题得不到解决，不可能构建完整的城市共享出行体系。①

549）传统PPP只涉及营利性组织不涉及非营利组织，在

① 诸大建，后汽车时代城市的共享出行问题—基于循环经济视角的思考．城市交通，2017，15（05）：12—19.

公共治理中的应用范围相对狭窄。广义 PPP 强调公私合作伙伴关系的发展应该包括两方面的合作，一是基础设施提供中政府与企业之间的合作，一是公共服务提供中政府与社会组织的合作。萨拉蒙的《公共服务中的伙伴关系》（1995）一书是政府与社会之间界面合作的经典著作。

《公共服务中的伙伴—现代福利国家中政府与非营利组织的关系》，L. 萨拉蒙（L. Salamon）著，1995 年出版。探讨了“第三方治理”的概念，以及政府与非营利部门关系的理论基础；当前非营利部门的规模以及政府与非营利部门关系的现实；这种服务提供的合作模式对非营利部门及其服务对象的后果等。

550）研究 PPP，需要引入可持续发展的主体三角形概念。在由政府、企业、社会组织形成的现代三元结构社会，提高公共服务的质量与效率，政府既要与企业组织开展合作，也要与社会组织开展合作。同济大学的教授参与上海社区治理，运用社会组织与政府的合作关系，建设了许多老百姓喜欢的社区花园，就是这种有创意、接地气的 PPP。

诸大建（2021）：创智农园这样的例子，是典型的非营利组织参与社区公共服务的案例。社区花园这样的 PPP 是一种民间自下而上的突围。其特征，一是 PPP 直接与人民需要相联系，超越了 Public 和 Private 的博弈；二是使用者支付为主，没有太多的政府约束，有稳定的现金流支撑；三是真正体现 PPP 运营服务为王。①

551—560：哈佛听过一堂课

551）从界面管理研究合作治理，需要方法创新和组织创新。方法创新的思想感悟最早是因为 2005 年在哈佛设计学院听过一堂公私合作开发（Public-Private Development）的课。看到 PPD 可以那样做，思路一下子打开了。后来研究企业责任管理，发现可持续发展的价值矩阵是理论升华，从此觉得界面管理有方法保证了。

552）这堂课，教师要求学生围绕波士顿华盛顿街上一个城市更新项目，做小组作业模拟公私合作进行开发，提出公私合作情况下的项目建议并落实到建筑形态。这个作业不是一般的技术性案例，不是在课堂中讨论讨论就可以完成的。参加这个课程的学生除了设计学院的学生，还有哈佛公共管理甚至其他学院和校外的学生。

553）教师把作业引导性地分为两个部分或两个阶段。第一部分是分组作业，学生分别从私方（发展商）以及公方（波士顿再发展管理机构）的角度提出各自的项目建议，显然私方和公方的利益取向是不一样的；第二部分是学生得到初

---

① 诸大建，社区花园—人民城市的草根实践 . 刘悦来等著，社区花园理论与实践 . 上海：上海科学技术出版社，2021.

步方案后，在课堂上配对进行协商，最终达到公私都可以接受的最终的项目建议。

554）学生在课上的表现很好地达到了教授的意图，他们把私方案及其形态设计、公方案及其形态设计以及协商后的公私合作方案及其形态设计用表格做了一目了然的对比。有学生还对本项目的基本宗旨、协商后的公私得益以及协商当中可能存在的困难做了有创造性的超量发挥。

555）听了这堂课，我的收获大大超过预期。一是讨论的案例非常直观地反映了公私合作的精神，没有想到公私合作可以有如此这般的可操作性；二是尽管这个课程的内容主要涉及形态规划或物理规划，但完全可以推广到一般的公私合作项目上去。遗憾的是，第二天是教授对学生作业的评论，我有事情冲突没有能够去听。

556）我由此想到研究冲突管理问题的两种曲线。一种是负相关的曲线，即两个人或两个组织各自追求利益最大化，其结果是此消彼长的零和博弈，一方的成功是另一方的失败；另一种是正相关的曲线，即两个人或两个组织追求集体利益的最大化，其结果是各自都可以得到正收益。可持续发展的合作治理当然是后一种思路。

557）后来担任跨国公司 Firminch 的国际可持续发展委员会专家，到日内瓦总部用头脑风暴讨论公司下一年度的可持续发展行动。发现操作的方法与前述有相似性：公司方提出对公司有关的事项建议，专家组提出对利益相关者有关的事项建议，然后在两者的交集中找到既符合公司需要又符合社会需要的可持续发展事项。

558）这个方法现在叫做重要性矩阵或可持续发展价值矩阵（Sustainabile Value Matrix 即 SVM）。矩阵的 X 轴表示从公司角度看有关议题的重要程度，经济效益常常是公司需要考虑的问题；Y 轴表示从社会或利益相关者角度看有关议题的重要程度；然后从中选择对公司和社会都重要的事情作为公司可持续发展的行动选项。

559）英国石油公司（BP）是这方面的先行者。2004 年开始，他们就采用可持续发展价值矩阵筛选可持续发展议题并确定主次，发布年度可持续发展报告。自那以来，许多跨国公司都开始用可持续发展价值矩阵来决定可持续发展的行动事项。这种矩阵对合作治理具有普遍意义。遗憾的是，公共管理学界对这方面的进展缺少了解和探索。

560）我认为，可持续发展价值矩阵最重要的是给出了组织和组织之间进行界面管理可以采用的简单易行的操作方法。不仅可以用在公司与社会之间，而且可以用在政府与政府之间、政府与企业之间、政府与社会之间的公共事务管理上。后来我参与政府有关城市治理的政策咨询，看问题提建议经常采用这样的方法和思路。

561—570：第四种组织

561）1969 年，以研究组织的社会为宗旨的德鲁克在《不连续的时代》一书中提出“再民营化”概念，提出要通过再民营化创造新的组织方式，让过度扩展的国有企业功能回归社会、回归市场，可以使得政府目标专一、精力充沛。有人说，这是德鲁克在政府、企业、非营利组织之外提出的第四种组织。

562）《网络化治理》（2004）描述了政府之外可能有的三种提供公共服务的新组织形式，即政府与非政府之间的合作组织，政府横向之间的合作组织，政府与企业之间的合作组织，指出政府、企业和社会，长期以来习惯于组织内部的科层制管理，对多元化组织之间新模式的崛起需要有新的认识和新的学习。

563）这样的第四种组织，现在已经有增长的需求和供给。联合国2030全球可持续发展目标中的第17个目标是合作伙伴关系，这种关系就是要创造政府与政府之间、政府与企业之间、政府与社会组织之间新的合作方式和组织形式。我们可以在全球水平、区域水平、国家水平、城市水平、社区水平等各种维度看到这样的组织创新。

564）研究可持续发展的界面管理，我把广义PPP看作是对政府、企业、社会三类组织进行整合的具有第四种组织意义的组织创新。第四种组织具有一些新的特征：一是它们是任务导向的，随任务发生建立，随任务完成消失；二是它们的目的是平衡组织之间的利益冲突；三是要有互补性和整合性的第三方思维。

565）第四种组织的特征之一是任务导向，传统的政府组织、企业组织、社会组织需要追求基业长青和百年老店，第四种组织却有明确的寿命周期，它与项目的提出、实施和完成使命相关联。例如基础设施 PPP 项目的合同期是 30 年，那么与此相关的 SPV 组织的寿命就是 30 年。当然有些 SPV 后来成为了固化的混合型组织。

566）特征之二是平衡利益冲突，而不是偏向某个利益。第四种组织是利益相关者在集体利益最大化中获得各自收益的组织。在基础设施 PPP 项目中，如果强调私营组织的利益高于公共价值，就实现不了新组织的目标；如果强调公共组织的权益高于私营组织，也实现不了新组织的效益和效率。第四种组织需要实现公平与效率的整合。

567）我参加长三角生态绿色一体化示范区的有关研讨，认为这里的体制创新和组织创新，应该不同于南边的粤港澳大湾区，也不同于北边的京津冀城市群。南边涉及一国两制，北边涉及政治中心，他们的区域协同，很大程度需要自上而下进行协调。而长三角一体化，需要在自下而上、横向协商的基础上，努力实现自组织的一体化。

568）特征之三是要有第三方思维。第四种组织的成功取决于有没有平衡利益冲突的第三方思维或柯维所说的第 3 种选择，这种思维不是要此消彼长、零和博弈，而是要共创价值、共同发展。一般来说，有利益冲突关系的双方要实现妥协和退却是困难的，这种情况下由第三方来建立第四种组织是合适的选择。

569）例如，用公私合作伙伴关系推进基础设施和公共服务，政府方与社会资本方如果不能达到相互妥协，就不能实现 PPP 模式所需要的利益共担和风险共享。改进方式是搞 PPP 要有生态系统观念。一方面，公私合作需要面向服务接受者，所谓 PPP 要以人为本；另一方面，公私合作需要引入第三部门来平衡利益冲突。

570）我担任五年发展规划和城市总体规划方面的政策咨询专家，一直觉得研制中长期规划要有两步走的做法。第一步是请政府、企业（如咨询公司）、社会组织（如大学与社科院）做专题研究，他们对经济、社会、环境的考虑可以各有侧重；第二步是请有第三方思维的组织进行二次加工和整合，以便平衡发展规划中的效益冲突。

571—580：治理如何赢得发展

571）学术界有人把世界上的国家简单分为三类，即市场模式和企业主导的美国和安格鲁撒克逊国家；社团模式和社会治理主导的北欧等国家；国家力量主导的东亚国家等。研究治理与发展，我关心什么样的治理体系和治理能力更有助于实现可持续发展的目标；关心中国改革开放以来走出计划经济的治理变革，是否可以形成后发优势。

572）研究经济增长的人会认为美国的发展模式是可以借

鉴和效仿的。我研究可持续发展，知道美国虽然是 GDP 意义上的世界第一经济大国，却绝对不是可持续发展意义上的世界样板国。可持续发展要求经济、社会、环境三者协调发展，美国在世界上的排名常常是在十几位、二十几位甚至更后的位置。

573）美国国内 99% 抗议 1% 的示威行动屡见不鲜，这是经济增长与贫富差距的不匹配不协调。就二氧化碳排放看，美国绝对是可持续发展的落后国。历史上美国人均年二氧化碳排放曾经高达 20 吨，大大高于欧洲和日本的水平，是全球人均二氧化碳排放的好几倍。与欧洲人交谈，他们常常对美国人的高碳生活方式不以为然。

574）联合国推进全球可持续发展目标，用人类发展指数和生态足迹指数衡量国家的发展水平，挪威、瑞典、芬兰等北欧国家，具有相对高的社会福祉水平与相对低的物质足迹和碳足迹，位于可持续发展的前列。一些强调经济增长的美国政治家对此表示不服气，他们反对用人类发展和生态足迹衡量国家的可持续发展。

575）与许多人仰慕美国梦不同，里夫金 2004 年出版了《欧洲梦》一书，说“美国梦”一度是世界所钦羡的理想，但是如今却因为过度关注经济增长和个人的财富积累，无法适应一个发展需要多种目标和互相依靠的世界。里夫金说，相对于昨天的美国梦，新的欧洲梦则更加关注可持续发展、生活质量和相互依赖。

J. 里夫金（J. Rifkin），未来研究学家，美国华盛顿特区经济趋势基金会总裁。宾夕法尼亚大学沃顿商学院经济学学士和塔夫斯大学弗莱彻法律外交学院国际关系硕士。曾任宾夕法尼亚大学沃顿商学院高级讲师，著有《零碳社会》（2019）、《零边际成本社会》（2014）、《欧洲梦》（2004），《熵：一种新的世界观》（1981）等。

576）里夫金分析了欧洲与美国在治理上的差异，说美国的政治貌似市场与政府两极之间有平衡、有制约，实际上的情况常常是受到肆无忌惮的市场力量操纵；比较之下，欧盟的政治却是在商业、政府和公民社会三者之间运行，具有明显的多中心治理特征。里夫金认为这样的治理机制为欧洲国家的可持续发展提供了可行性。

577）中国的治理体系，在吸收世界上好做法的同时有自己的探索和执着。改革开放以来 40 年，中国通过治理变革推进经济建设，2020 年 GDP 总量达到 100 万亿，14 亿中国人人均 GDP 超过 1 万美元，打破了有关中国经济迟早会崩溃的各种断言。可以认为，正是中国特色的治理模式，获得了用其他模式不可获得的成就。

578）研究可持续发展，不仅希望中国创造世界性的经济奇迹，而且希望创造世界性的可持续发展奇迹。从这个角度看，中国过去 40 年的高速度增长还存在着两个方面的不均衡。一是在社会维度，人类发展指数还没有达到与 GDP 同样幅度的增长；二是在环境维度，面临着粮食、能源和二氧化碳排放、污染与生态等问题的严重挑战。

579）正是从这个意义上，中国提出未来的进一步发展是要从满足人民群众的物质生活需求转向满足人民群众的美好生活需求，从高速度增长转向高质量发展。与可持续发展导向的现代化目标相适应，中国强调要加强治理体系和治理能力的现代化，治理结构要从政府与市场二元互动，向政府、市场、社会多元合作进行转型。

580）参加世界经济论坛全球议程理事会，我看到创始人施瓦布一直在推行利益相关者社会的思想，2021 年他出版了《利益相关者资本主义》一书。可持续发展的良好社会当然需要利益相关者的广泛参与。但是我觉得，中国治理的目标模式离不开两方面要素，一方面是要有更多的社会参与，另一方面是要有国家力量的前瞻性和主导性。

《利益相关者资本主义》，K. 施瓦布（K. Schwab）著，2021 年出版。施瓦布认为当今社会的许多问题与股东利益至上的传统思维模式有关联，提出了一种更加平等、更具有包容性、更可持续的发展模式即利益相关者模式，强调企业、政府、公民社会和国际组织把全人类和整个地球的福祉放在中心地位，用利益相关者思维解决实践问题。

K. 施瓦布（K. Schwab），1938 年出生于德国。早年分别在瑞士苏黎世高等工程学院和德国弗里堡大学学习机械和经济，后在美国哈佛大学肯尼迪学院深造，获机械工程学博士、经济学博士和公共管理硕士学位。1971 年在达沃斯创建欧洲管理论坛，搞大后改为世界经济论坛，并担任论坛主席至今。

581—590：中国五星红旗治理模式

581）每当谈到中国治理，我就会想到中国的五星红旗。如果讨论中国可持续发展需要有 C 模式的概念，那么讨论中国治理需要有五星红旗的概念。犹如中国五星红旗当中一颗大星周围四颗小星展示出来的意象，我把中国国家主导和社会协同的一核多元治理模式描述为五星红旗模式。国家是其中的大星，社会是周围的小星。

582）中国五星红旗治理模式，既不是寡头排他的的国家集权模式，也不是多元并列的简单分权模式，而是有国家力量统筹协调、有社会机制发挥作用的治理体系。解读中国治理模式的特点，我强调在政治贤能和高层主导、从上往下和上下互动、民主参与和科学决策等方面，与西方治理模式有重要差异。

583）中国治理模式的首要特征是政治贤能和高层主导。中国发展有强大的后发优势，很大程度取决于党和政府中有决策权的关键少数，取决于政治贤能对国内外发展情况的研判和找到适合中国自己的发展道路。从这个角度，我认为对政治精英在中国治理结构中的作用要有足够高的认识，对有人笼而统之反对精英决策不以为然。

584）中国发展的一个制胜武器是五年发展规划，从中最能够看到政治精英的中轴作用。制定五年发展规划，通常首先由党的决策机构提出规划建议，由政府部门制定详细的规划纲要，研制出来的发展规划最后在人民代表大会上表决通过成为法定文件。在方向性的问题上，决策者的意愿和意志总是具有决定意义。

585）清华大学的江小涓教授是有政府和学界两栖经历的巴斯德型学者，她在《江小涓学术自传》中说过一个见证环境与发展决策经过的事例，说“最终并不是争议中的各方统一了认识，而是最高层下决心必须解决严重的环境污染问题，做出了绿水青山就是金山银山的判断，此后严格的环保措施才能出台和有效实施”。

江小涓，1957 年生。清华大学公共管理学院院长、教授。主要研究宏观经济、产业发展、对外开放等。1989 年获中国社会科学院经济学博士学位。毕业后在中国社会科学院工作，历任副研究员、研究员等。2004—2011 年任国务院研究室副主任，2011—2018 年任国务院副秘书长。兼任中国行政管理学会会长。

586）中国政府的治理模式并不只有单纯的自上而下，现在已经要求有越来越多的上下互动。制定五年一次党代会工作报告、研制五年发展规划以及出台全局性重大政策等，领导人常常出面举行专题座谈会，邀请民主党派、学者专家、企业和社区代表协商研讨。各级政府部门制定条与块的重大政策，这样的上下互动就更多。

587）中国搞循环经济是一个自下而上进入决策视野的例子。理论概念由我们这些做研究的人提出，它的实用价值却需要得到政府的判断和鉴别。我当初写循环经济的研究文章，没有想过新概念新思想会在政府和决策层得到多大的反响和关注。从循环经济成为中国举国推进的绿色经济运动，可以看到中国的发展决策和思维是开放的。

588）中国治理模式也越来越多地考虑民主决策与科学决策的整合。民主决策要平衡不同的利益，考虑利益相关者的意见；科学决策要考虑专业人士的理性分析，符合经济社会发展的规律和趋势。政治家的智慧是在德先生与赛先生之间、在真与善之间找到平衡点，五四运动的新文化对中国治理模式的现代化是有深刻影响的。

589）中央调研组为起草党代会报告到上海调研，我参与专家研讨发言说，生态文明是生态与文明的整合，渗透到经济、政治、文化、社会等领域才能真正形成绿色发展新模式。调研组说我在这方面的研究很深入有针对性。现在阅读政策文件，可以注意到中国的绿色发展已经越来越多地从末端治理和防守进入到经济社会发展的源头。

590）学术精英参与决策咨询，要懂得有专业之见和追求标新立异，与政治决策讲究战略性和平衡性是有差异的。1990年代浦东开发，针对黄浦江上造桥还是造隧道，同济教授的技术性建议是造隧道，领导人的最后决策是造大桥。结果证明，造桥的成本和难度虽然大于隧道，但是世界看到了浦东开发与中国改革开放的决心和力度。

591—600：新冠疫情与国家力量

591）2020年以来中国应对新冠疫情是中国治理模式教科书级别的成功。在武汉疫情危急关头，国家力量发动战时机制，不到2个月时间就把疫情控制住了。可以对照的是，美国两党面对问题吵吵闹闹，疫情迟迟不能得到化解。应对新冠疫情最大程度表现了中国治理与美国治理两种模式的差异，中国有效动用国家力量的做法，其他国家不想学也学不来。

592）实际上二战时候珍珠港事件，美国情急之下也是通过国家力量迅速应对最终解决问题的。起初美国不想卷入战争，直到1941年12月7日日本袭击珍珠港，才做出反应成为参战国。2019年夏天我到夏威夷旅游去看战争博物馆，对此印象极为深刻。当年的全民动员，民工经济变成军工经济，对美国参战制日取胜具有关键意义。

593）当年的珍珠港事件和当下的新冠疫情，证明面对重大的灰犀牛（可预测的）和黑天鹅（不可预测的）事件，采用战时机制和国家力量常常是唯一可以取胜的办法。美国的问题，很大程度是不能把珍珠港的经验用到新冠疫情中来，个人主义和市场机制过度泛滥。中国则证明了国家力量在紧急时刻的重要性和领导力。

594）Daly 说，民主和自由在承载能力有冗余的时候才管用。可以说，事情的危急性与国家力量的必要性正相关，事情越重大越紧急，也就越需要国家力量发挥作用。当然这不是意味着可以滥用战时机制。中国应对新冠疫情采取出现病情—社会隔离—动态清零的做法，但是强调要把它们控制在尽可能小的范围。

595）但是对国家力量的认识需要深化。布朗在《B 模式》一书中分析，当年珍珠港事件采取战时动员机制，只是临时性的，3 年半后二战胜利了就不用了。但是他说，现在应对气候变化和用可持续发展拯救人类文明却需要用一种长时期的战时动员机制，因为对工业文明造成的经济社会重构是一种需要时间和耐力的人类持久战。

596）新冠疫情就是对人类社会可持续发展能力的考验。2021 年新冠疫苗问世，估计地球上 70% 人口打上疫苗才能缓冲疫情，加上新冠病毒本身对疫苗有增长的抵抗力，因此应对新冠疫情不再是一年两年的速决战而是有长尾时间的持久战。战胜新冠疫情不是取决于应对能力强的地区而是取决于应对能力弱的地区，因此国家力量始终需要发挥作用。

597）当新冠疫情常态化的时候，如何处理好应对疫情与经济增长和平安生活的关系，对哪个国家都是挑战性的事情。中国国家力量主导下的动态清零和精准施策，一直在探索如何随疫情变化做到两手都要硬。2022 年的大上海保卫战，特别强调了三句话，即疫情要防住、经济要稳住、发展要安全。

598）布朗在《B 模式》书中提到社会变革有三种模型，第一种是灾变事件的珍珠港模型，改变迅速但是损失巨大；第二种是缓慢演进的柏林墙模型，事情慢慢发展到引爆点开始进行变革；第三种是三明治模型，上下互动形成共识可以较快进行改变。中国五星红旗治理模式是中国化的三明治模型，表现为政府长期主义和基层社区参与。

599）布朗解释 2009 年美国应对气候变化出现积极转变，是因为草根群众对减少碳排放的自下而上关注，与奥巴马行政班子的认知走到了一起。但是我们知道奥巴马的结果很快被特朗普上台推翻，而特朗普的结果又很快被拜登上台推翻。现在我们再一次看到在应对新冠疫情问题上，又是美国上下左右缺乏严重的共识，导致了疫情状况迟迟得不到化解。

600）从新冠疫情事例，可以看到中国五星红旗治理模型的特质。如果说 2020 年新冠爆发武汉封城还是仓促中的应对，那么从那以来 2 年多中国应对新冠疫情已经经历了应急状态和常态化两种场景的考验。接受解放日报记者采访，我相信治理体系和治理能力的上台阶可以给中国带来更好的发展。

诸大建（2020）：对中国来说，2020年非常重要，既是全面小康的收尾，也是未来30年向现代化强国迈进的启动。虽然疫情暂时打乱了发展节奏，但今年的发展一定会低开高走，疫情过后中国的竞争力和国际影响力不会降低而是提高。我相信，这场疫情的突如其来，也在考问我们，中国的城市治理究竟离现代化有多远？很多年后，“新冠”依然会是中国人的群体性记忆，希望能把治理能力变革的烙印刻在人们脑子里。①

① 高渊，城市治理变革关键是补上短板——访同济大学特聘教授诸大建．解放日报，2020年3月15日，第5版．

7

绿色城市的四个脱钩：601—700

记者写报道说，建设两型社会，除了要讲好普通话和武汉话，还要讲好国际话，同济大学可持续发展与管理研究所所长诸大建教授幽默形象的开场白，吸引了众人。

601—610：脱钩发展是国际语言

601）2008年国内提出两型社会即资源节约型和环境友好型社会概念，我到武汉参加“两型社会”试验区研讨会，长江日报专门就我的发言写了报道“运用国际脱钩发展理论高水平建设两型社会”。记者说，“建设两型社会，除了要讲好普通话和武汉话，还要讲好国际话”，同济大学可持续发展与管理研究所所长诸大建教授幽默形象的开场白，吸引了众人。

602）记者解释我的发言说，讲普通话，是因为建设两型社会要回答中国发展的基本问题，即资源环境约束下的经济社会发展问题；讲武汉话，是因为作为试验区，武汉要拿出有特色的事例和经验，对全国面上的工作提供启迪和示范；讲国际话，是因为在资源节约和环境友好的前提下提高人民生活质量是世界性的课题，要用国际语言解读中国故事。

603）我在会上说，要用国际上近年来崛起的脱钩发展的理论，指导武汉两型社会的规划、建设与管理。强调两型社会既不是单一的资源节约和环境保护，也不是单一的经济社会发展，其本质是经济社会发展与资源环境消耗脱钩，要用减少的水地能材等资源消耗和污染排放，创造更好的经济社会发展。

604）研究绿色发展，我以前用环境库兹涅茨曲线进行分析，后来觉得用脱钩发展的概念更具有可持续发展意义，可以进行国际对话。一方面，环境库兹涅茨曲线只表达资源环境的情况，而脱钩理论涉及环境与发展两个方面。另一方面，在国际上用脱钩发展理论解读中国生态文明、绿色发展乃至现在的“两山理论”，老外很容易精准理解。

605）国际上用脱钩发展说明环境与发展的关系，有影响的工作是经济合作与发展组织（OECD）2002年发布的研究报告《测量环境压力与经济增长脱钩的指标》。2008年金融危机后联合国发力推进绿色经济，联合国环境署成立了以魏伯乐为首的国际资源专家小组，开展了以脱钩发展和资源效率为中心的持续的专题研究。

606）2002 年起承担研究课题参与上海世博会主题演绎，我用脱钩发展两条曲线解读什么是城市让生活更美好，即一条是经济社会发展收益线，另一条是资源环境生态成本线。传统的城市发展，两条曲线同步向上，经济社会发展与资源环境消耗同步增长；城市让生活更美好，是要两条曲线脱钩，发展曲线向上，环境曲线向下。

607）用环境增长率和发展增长率组成的弹性系数表达脱钩指数，可以发现城市发展三种情况。第一种情况是环境对于发展的弹性系数等于大于 1，这是环境影响与经济社会并钩的传统发展；第二种情况是弹性系数小于 1 大于 0，这是资源环境消耗有改进的相对脱钩；最好的情况是第三种即弹性系数等于甚至小于 0，发展收益开始与环境消耗绝对脱钩。

608）城市发展常常有三个阶段。开始的时候，城市发展常常是资源环境消耗导向的，经济社会发展需要有大规模的自然资本投入；然后开始提高自然资本的生产率，发展与环境出现相对脱钩；最后环境影响出现零增长和负增长，发展与环境进入可持续发展的绝对脱钩阶段。现在讨论碳达峰碳中和就是要求实现从相对脱钩到绝对脱钩的转变。

609）脱钩发展的理论可以用于资源环境生态的不同对象，例如在物质流的输入端，讨论城市经济社会发展如何与水、地、能、材等自然资源实现脱钩，这是资源节约型社会要追求的目标；在物质流的输出端，讨论经济社会发展如何与二氧化碳、废水、废气、废弃物等污染排放实现脱钩，这是环境友好型社会要追求的目标。

610）中国的资源环境影响与四个大的结构问题有关。我觉得用脱钩发展的理论可以深入研究中国城市绿色发展的四个脱钩和转型，即城市能源消耗如何与二氧化碳排放脱钩，城市生产与消费如何与固体废弃物特别是城市生活垃圾脱钩，城市空间发展如何与建设用地的大量消耗脱钩，城市交通出行如何与小汽车主导的传统模式脱钩。

诸大建（2004）：假如说，我们原来重视的是分子式的干部，干部都关注分子的翻番，现在则要重视分母式的干部或分子分母结合型的干部。分母上面要做小，分子上面要做大。这是科学发展观可以见得到的东西，把这个问题拎一拎，就是要关注两条线。原来只关注一条线，即经济增长或 GDP 翻番。我们现在的发展模式是两条线同时上升，GDP 翻番，资源消耗也翻番。而可持续发展，就是经济增长的曲线要上升，自然消耗的曲线要下降，实现脱钩式的发展（decoupling development）。换句话说，GDP 翻番，能源资源等不但不要翻上去，还要往下走，这就是我们的技术效率，这就是我们的管理效率。①

① 诸大建，科学发展观与上海可持续发展 . 上海节能，2004，(03)：5—14.

611—620：低碳转型三步曲

611）2015 年，巴黎，联合国教科文组织发起的国际气候科学大会。会议有 2000 人参加，聚集了世界各国研究气候变化科学和政策的人马。我被邀请参加做大会 panel 发言，谈了中国应对气候变化问题的政策动向和自己研究的一些看法。下来后《纽约时报》记者采访我，说你的看法与众不同。

612）从研究可持续发展开始，我就对气候变化问题有浓烈兴趣。我常常用上海黄浦江水面上涨和防汛墙翻高的事例，说明气候变化是发生在我们身边的事情。联合国应对气候变化有三次重要会议，即 1992 年通过《气候变化框架公约》，1997 年通过《京都议定书》，2015 年通过《巴黎协定》，我了解它们是怎么发展过来的。

613）2009 年哥本哈根会议和 2010 年上海世博会之后，我研究中国城市发展如何脱碳。受到两本书的启发，一本是加拿大能源经济学家特扎基安的《能源饥渴症的终结》（2009），另一本是美国新城市主义倡导者卡尔索普的《气候变化之际的城市主义》（2011），逐渐建立起了自己的低碳城市分析框架。

《能源饥渴症的终结》，P. 特扎基安（P. Tertzakian）著，2009 年出版。指出解决能源饥渴症不仅仅涉及能源供给，更取决于能源需求。能源消费不对称原则表明，在终端使用一定的能量，在源头将会消费数倍的能源，因此节流比开源重要得多，需要在终端加强需求管理减少能耗，才能彻底解决能源饥渴症。

《气候变化之际的城市主义》，P. 卡尔索普（P. Calthorpe）著，2011 年出版。通常讨论低碳城市，主要涉及工业、建筑、交通等能效改进和新能源导入等技术性环节，本书提出土地利用结构具有更重要的源头减碳意义。城市低碳发展需要土地利用、低碳技术和公共政策三个方面的创新与整合。

614）2009 年哥本哈根会议讨论京都议定书第二阶段即 2012—2020 年的行动，中国提出到 2020 年单位 GDP 二氧化碳较 2005 年下降 40% ～ 45% 的目标，美国等国家却要求中国有减少二氧化碳排放总量的承诺。正是那个时候中科院院士接受采访说了中国人也是人的那段有硬气的话。我觉得中国应对气候变化需要有 C 模式的主张。

615）卡亚公式是研究低碳发展的有用工具，结合具体数据分析中国城市过去 40 年的能源消耗，可以发现影响城市二氧化碳排放的四个因素及其作用。增加碳的因素是人口增长和人均 GDP 提高，其中人均 GDP 起了主要作用；减少碳的因素是能源效率提高和新能源替代，其中能源效率起了主要作用。

616）从中国发展 C 模式的角度看，中国在应对气候变化问题上有三步曲的政策思考，一步步从碳强度到碳总量再到碳中和的做法是有理有节的。即：第一步是 2005 年提出降低单位 GDP 能源强度和 2009 年提出降低单位 GDP 的二氧化碳强度；第二步是 2015 年提出到 2030 年左右实现碳达峰；第三步是 2020 年提出到 2060 年实现碳中和。

617）与上述三步曲相一致，中国城市低碳转型需要关注三种技术，即与化石燃料效率改进有关的低碳技术，与可再生能源有关的零碳技术，与碳汇和碳捕捉碳利用即 CCUS（Carbon Capture，Utilization and Storage）有关的负碳技术。其中降碳技术和零碳技术具有事前和事中防范的减缓意义，负碳技术具有事后处理的适应意义。

诸大建（2009）：低碳经济革命的技术创新，是要在能源流的整个过程中提高能源生产率和降低二氧化碳的排放。一般来说，低碳经济需要三个环节的系统行动。一是在能源流的进口环节，用太阳能、风能、生物能等低碳的可再生能源或其他清洁能源，替代传统的高碳的化石能源；二是在能源流的转化环节，通过建立兼容并包各种能源的能源互联网（Energy internet）或智能电网（smart grid），提高工业、建筑、交通中的能源利用效率；三是在能源流的出口环节，通过开发利用碳捕捉储存技术以及加强森林、水面积等碳汇建设，吸收经济过程排放的二氧化碳。①

① 诸大建，哥本哈根会议与低碳经济革命 . 文汇报，2009 年 10 月 31 日，第 7 版 .

618）展望中国未来40年，2030年碳达峰前的10年是相对脱钩的情景，要靠传统能源即煤、油、气的低碳化利用来实现达峰；新能源的作用是配角，其比重到2030年仍然只有25%；在能源效率改进中，重要的是基于能源消费的非对称原则用需求管理倒逼经济结构进行变革，大幅度提高碳生产率。

619）2030年碳达峰后的30年是绝对脱钩的情景，煤油气先后达峰，中国城市开始与化石能源及其二氧化碳排放实现绝对脱钩，可再生能源到2060年达到85%左右的比重。届时还有15%左右的传统能源做应急，它们的碳排放需要通过基于自然的碳汇和人工的碳捕捉碳利用技术进行中和。

620）我不认为现在许多人把宝押在碳汇碳捕捉等负碳技术上的想法是合适的。一方面，碳补偿碳去除是事后治理，重要的是在源头用低碳技术和零碳技术实质性减少碳排放。另一方面，有关碳吸收碳去除的负碳技术目前还不成熟，成本高居不下，实现碳中和的能力到底有多大需要精准进行研究。

621—630：上海如何碳达峰

621）2015年的一天，上海十三五规划专家咨询会，会议开始时市长讲话，说我们在新的发展规划中增加了许多约束性的资源环境指标，大建教授这样的专家应该会满意。确实，我对这方面的问题曾经有忧虑。2013年我有机会给上海四套班子集中学习讲生态文明，说上海二氧化碳排放超过人均10

吨，超过了上海建设全球城市要对表的纽约、伦敦、东京等。

622）上海人均 GDP 低于目标城市，人均二氧化碳排放高于目标城市，从卡亚公式可以知道其中的原委。能源结构中，煤油比重大于电和气比重，工业排放占了排放的一半以上，其中一半的煤和油用于钢铁和化工产业，由单位经济能源强度和单位能源碳强度组成的碳生产率提高低于经济增长速度。

623）中国的低碳行动始于 2009 年哥本哈根会议。2010 上海世博会理所当然要对哥本哈根会议的低碳话题有反应、有作为。正是从那时起国内的认识和行动开始提高了。此前，上海的官员常常在非正式场合说，干部谈经济增长可以滔滔不绝，谈资源环境生态等问题却说不出太多的道道。

624）2020 年领导人承诺要在 2060 年实现碳中和，上上下下开始把双碳目标看作是中国未来 40 年经济社会发展的新的驱动力。碳达峰议题在上海的发展战略和五年规划中，开始从边缘进入中心。从领导到社会，大家都认为上海需要在双碳目标上有高水平思考，担当中国低碳转型“排头兵”和“探路者”的角色。

625）上海的二氧化碳排放在 2011 年达到最高值 2.1 亿吨，以后几年一直在 1.85 亿吨—1.95 亿吨上下波动。当政府方案提出 2025 年在 2.2 亿吨碳达峰的时候，我思考的问题是上海能否争取在 2 亿吨以下非高位实现碳达峰，这样可以缩小与国际对标城市的差距，降低 2050 年后碳中和的压力。

626）从过去 10 年的情况进行分析，上海碳排放有三种情景。一是一切照旧情景，没有碳达峰目标，上海的能源二氧化碳排放到 2050 年会在 3 亿吨左右；二是碳达峰情景，按照现在提出的方案，2050 年有 1 亿吨碳排放需要碳汇碳捕捉处理；三是碳中和情景，2025 年在 2 亿吨下实现碳达峰，2050 年减少到 2000 万吨左右，达到碳汇碳捕捉可承受的状态。

627）实现第三种情景，需要额外的政策发力。在能源结构方面，上海现在的煤油比重占 60%，电和气比重占 40%，东京倒过来电和气比重占 80%，油品比重占 20%，没有煤炭消费。此外，东京主要是气电，上海主要是火电。到 2025 年上海煤油比重最好降低到 50% 以内，电和气比重要进一步增长。

628）在终端消费方面，上海与纽约等城市比较，关键是工业性城市与消费型城市的差异。为此上海需要两方面进行结构调整。一方面，要降低电力和工业两个部门的排放，为交通与建筑的碳排放腾出空间；另一方面，要有建筑电气化、交通电动化的发展目标，防止这些领域新老项目的碳锁定。

629）上海二氧化碳以什么样的规模达到峰值，还取决于经济增长率与碳生产率的关系，两者数字相当方向相反就是碳达峰。按照终端消费可以倍数式影响源头能耗的非对称原理，上海低碳发展的关键是消费方式变革，例如发展公交出行和共享出行，比小汽车出行低碳化有更好的碳生产率。

630）在人口布局方面，上海十四五规划以五个新城为基础打造市域都市圈，需要与碳达峰碳中和的绿色发展相适应。一方面，新城发展要有足够的人口吸集能力，要分别实现 100 万城市的发展目标；另一方面，要发挥土地空间的战略减碳效应，围绕高铁和地铁等交通枢纽建设站城融合的混合功能城市组团。

631—640：城市出行去小汽车化

631）一次有关绿色交通的电视研讨会，主持人问我说，诸教授开不开私家车？我回答说，我有私家车，主要是假期时候出去自驾游，平时上下班是走路，出去开会坐地铁。我前后买过两次车，10 多年下来平均每年开车里程不到 5000 公里，低于日本人的平均水平。估计到手头的车需要报废了，我大概不会考虑再去买新车。

632）研究城市绿色发展，交通出行如何减少小汽车依赖是重要问题。中国现在的小汽车保有量在千人 200 辆左右，如果参照发达国家模式实现交通出行小汽车化，即汽车保有量达到千人 500 辆，那么 14 亿人有 7 亿私家车，想象一下中国城市交通拥堵、汽油紧张、尾气和二氧化碳排放，会是一种非常恐怖的情景。

633）解决方案何在？研究可持续发展知道产品作为一种服务（Product as a Service 或 PaaS）的概念后，我觉得中国城市交通出行与小汽车脱钩是有可能的。特别是研究共享经济读到《第 4 消费时代》等书，觉得城市出行就是要从原来的私人小汽车出行模式为主，转移到公共交通和共享出行为主的 MaaS 模式上来。

634）工业化和城市化初期是第一消费时代，机动化的私人交通不发育。中国改革开放以前的交通出行相当于这个时期，在上海大城市生活，距离长一点的出行靠公共汽车，到外地主要靠火车和长途汽车。1970 年代我下乡插队当知青，用挣来的钱买了一辆永久牌 28 寸自行车，农闲时骑上一两个小时去县城，觉得已经非常高大上了。

635）城市发展进入第二和第三消费时代，小汽车化成为交通出行的推崇模式，先是大众化，后是个性化。改革开放以来 40 年，中国城市发展也是以小汽车化为导向的，由此导致了增长的交通拥堵和污染排放。进入第四消费时代，强调用公共交通和共享出行替代小汽车，理论依据是 MaaS 模式下可以用一定的交通设施满足增长的出行需求。

636）用 MaaS 替代私人小汽车出行有三种方式。第一种是用集体巴士替代私人开车，例如同济教师到嘉定校区上课，不是自己开车，而是坐学校的定点班车；另一种是用网约车替代私人开车。国外的 Uber 和国内的滴滴刚出来的时候，我心里已有的想法被激活，觉得真的以共享为目标，是有可能减少城市私人小汽车拥有量的。

637）1999 年翻译《自然资本论》一书第一次看到汽车共享的概念，当时觉得这个事情离现实很远。2008 年到斯德哥尔摩考察哈马比社区，看到共享汽车实际事例，开始觉得这个事情有操作意义。再后来从 2010 年世博会城市最佳实践区德国不来梅共享汽车的案例，我开始指导研究生做在上海推行共享出行的创新竞赛论文。

638）MaaS 替代小汽车出行的第三种方式，是大力发展公共交通特别是城市里和城市间的轨道交通。目前中国城市发展为了不走欧美国家小汽车主导的交通出行模式，已经规划建设了四个网络的轨道交通体系，即 45 分钟内的城市地铁系统，1 小时的都市圈市域铁路，2 小时的城市群城际铁路，3 小时的城市群之间的国家干线高铁。

639）到 2035 年基本实现城市化，我觉得中国大幅度降低私人小汽车保有量，实现舒适、快捷、低碳的交通出行是可行的。在城市里可以采取骑—乘—骑的模式，从家门口步行或骑共享单车到地铁站，地铁站下来用共享单车到目的地。现在在上海生活，出门办事坐地铁，我觉得大多数情况下比开车、打的或坐网约车要方便准时得多。

640）假期到城市外去旅行特别是自由行，可以采取飞机或高铁加租车的模式。以前寒暑两个假期，我们一家人习惯开小汽车到长三角周边的城市去游玩。到 2035 年中国都市圈、城市群的高铁网络相当发达的时候，假期国内出游坐高铁到交通节点城市，然后租上一辆小汽车四处转，乐趣和便利性不会比从头到底小汽车自驾游差到哪里去。

641—650：让自行车回归城市

641）2016 年共享单车在国内问世，人们的看法有争议，人民日报召开内部研讨会。我应邀到北京参加会议做发言，从城市交通和建设的角度，就共享单车是什么、为什么、怎么做等问题谈了看法。参加会议的北大教授周其仁等也支持共享单车发展。周评论说，诸教授的发言有高度，向领导写汇报，你们应该多写诸教授的意见。

642）我为共享单车站台，希望自行车回归城市，有两个出发点。一个是循环经济和共享经济的角度，认为它是中国原创的产品服务系统，不卖自行车卖骑行服务，搞好了有世界意义；另一个是城市交通出行去小汽车化的角度，指出从汽车城市转向公交城市，发展与公共交通相协调的共享自行车，是其中不可缺少的环节。

643）城市交通出行主要有四种方式，即公共交通、慢行交通（包括步行与骑单车）、共享小汽车、私人小汽车（包括自动化私人驾驶小汽车）。建设可持续发展导向的城市交通，需要从时间和空间两个维度评价它们的效率高低。时间效率是交通设施可以被使用的时间长度，空间效率是单位交通工具能够运载的人数。

644）私人小汽车的时间效率和空间效率，在城市交通出行中是最低的。论空间效率，平均每辆车搭乘不会超过 2 个人，对城市交通贡献小，却占用了城市的大部分道路空间；论时间效率，一辆私人小汽车平均每天开 1 小时，大部分时间是闲置的。另一方面，即便小汽车变成新能源并且自动驾驶，也无法解决数量增多导致的城市交通拥堵。

645）公交都市，是公共交通出行的比重占到日常交通出行的 50% 以上。公共交通出行模式，既能够运载大量乘客，又能够全天候提供服务。大城市要以地铁交通为主导，以地面公交为补充，在地铁线路覆盖不到的地方发挥地面公交的作用。像北上广深这样的超大都市的交通出行，优选的方式当然是公共交通。

646）发展公共交通需要有慢行交通做支撑。慢行交通包括步行、私人自行车和共享单车，可以解决从站点到家门口或工作地的最后一公里问题。自行车可以长时间使用，只要合理规划，占用的空间比小汽车少得多。过去 30 多年中国城市交通发展的价值取向是小汽车导向的，现在需要腾出更多的交通空间给公共交通和自行车。

647）世界各国推进城市交通可持续发展，前沿做法是将以往用于小汽车的空间包括动态空间和停车空间，通过城市更新用于发展公共交通和慢行交通。2017 年，著名的汽车城市洛杉矶发布新的交通规划，在空间范围不变的情况下，减少小汽车车道，增加公共交通与自行车道，每小时的交通通过率可以从 29600 人次提高到 77000 人次。

648）资本逐利导致共享单车过度投放，城市出现大片共享单车垃圾，有人说是我们这些为共享单车发展站台的人造的孽。有一次，一个平时对我赞扬有加的退休老教授，在马路上拉住我说，你鼓吹共享单车，现在出现自行车垃圾了，怎么说。我苦笑说，其实我支持共享单车发展一直有完整的意思。

649）一开始我就说共享单车在城市综合交通体系中具有准公共性，政府和企业不能把它们看作纯粹的商业活动来管理或经营。共享单车健康发展需要建立公私合作伙伴关系。一方面，企业需要按照循环经济的原则搞共享单车，控制投放量，提高周转率，加强回收管理；另一方面，政府需要在城市规划中给共享单车提供足够的空间。

650）共享小汽车的时间效率和空间效率当然高于私人小汽车，但其在城市出行中的意义，也不能与公共交通和慢行交通相提并论。它们应该适用于一些特殊需要的场合，例如上医院、携带重物等。我自己平时出门办事或者开会，主要采用走—乘—走的地铁模式，万不得已才叫网约车。大家说我是言行一致的公共交通和共享出行的支持者。

651—660：无废城市是什么

651）2018 年以来国内城市发起垃圾分类社会运动，有院士指出运动的目标不能停留在处理垃圾，而是要建设无废城市。这正是 20 多年前我用循环经济概念讨论废弃物问题的初心和期盼。城市废弃物和生活垃圾管理，关键是要减少垃圾和避免垃圾，实现生产和消费与废弃物的脱钩。

652）研究城市生活垃圾和物质流管理，可以有两种不同的思维金字塔。从生产消费方式改变减少废弃物，到废弃物资源化利用，再到焚烧填埋等末端处理，发力重点有不同。

传统的思维是正金字塔，主要精力是对付底部环节的垃圾处理，上游环节着力少；脱钩发展的思维是倒金字塔，重点放在上游环节的生产与消费，目的是避免垃圾产生。

653）参加这方面的会议讲话和发言，有人介绍我是研究垃圾问题的循环经济专家，我说我研究循环经济，不是要当垃圾处理专家。循环经济有神奇、有伟力，是把物质流过程完美闭合起来，从线性的摇篮到坟墓变成循环的从摇篮到摇篮，使得城市中的垃圾产生和末端处理压力可以大幅度降下来。

654）循环经济的3R原则讨论废弃物处理和物质循环，优先顺序依次是：减量化原则（reduce）和服务循环处于优先地位，然后是再使用原则（reuse）和产品循环，再后是再利用原则（recycle）和废弃物或材料循环，最后才是垃圾焚烧与填埋等末端处置，宗旨是要末端处置最小化。

655）从垃圾革命的角度看，中国城市当前的垃圾分类是序曲，目标应该是建设无废城市。无废城市不仅意味着焚烧填埋的比例最小化（例如小于30%），意味着回收利用最大化（例如大于50%），更意味着城市的人均垃圾产生量或清运量要有峰值。需要通过三个转变，实现从垃圾处理到垃圾减少的根本性变革。

656）城市垃圾管理的第一个转变，是要摆脱原生垃圾以填埋为主的传统处理模式。很长时期以来，中国城市垃圾处理在收集方式上是混合为主，在处理方式上是填埋为主。这与中国城市人多地少的基本国情是冲突的，因此垃圾分类的首要任务是从混合到分类，从填埋到焚烧，努力实现原生垃圾零填埋。

657）但是焚烧不是中国城市垃圾革命的最终目标。城市垃圾管理的第二个转变，是要提高生活垃圾资源化利用的比率，使得焚烧处理的比重达到一定规模后不再继续增加。中国城市生活垃圾中的大头是厨余垃圾，当前生活垃圾资源化利用的主要挑战，是如何最有效地分类收集和回收利用厨余垃圾。

658）城市垃圾管理的第三个转变和最高意义上的转变是实现经济社会发展与生活垃圾增加的脱钩，城市人口和人均 GDP 要增长，人均垃圾产生量要减少。有研究认为，人均 GDP2 万美元是转折点，人均垃圾到时应该控制在每天 1 kg 之内。例如，东京都从 2000 年搞循环型社会以来，人均垃圾产生量从以前的 1.6 kg 峰值下降到了现在的 0.8 kg 左右。

659）建设人均垃圾低增长的无废城市，不能只有政府自上而下发力，需要企业和消费者成为主力军。企业绿色竞争力的标志是产品生产要无废少废，例如瑞典家具大企业宜家，与联合国 SDGs 目标相契合，提出到 2030 年要成为提供最好家居服务的无废企业，措施包括不卖家具卖家居服务，建立消费者俱乐部延长家具使用寿命，使用可再生材料做家具等。

660）消费者参与垃圾革命，在认识、心态和行为上，要从越多越好、追求拥有的模式，转向足够为好、共享使用的模式。消费生活要尽量使用可反复使用的耐用品和共享品，从源头减少物资消耗量。对于不得不使用的一次性消耗品如塑料、纸张等各种包装物，要尽可能分门别类收集起来进行回收利用。

661—670：从上海研究东京垃圾革命

661）魔都上海如何处理城市生活垃圾有非常长的故事。1997年上海科技节的主题是走可持续发展之路，闭幕式上我曾经被邀请作为嘉宾，上台解读上海社区把厨余垃圾就地处理成为肥料的可持续发展意义。上海2035年要建设卓越的全球城市，让城市发展与生活垃圾脱钩，我觉得可以与东京做比较。

662）世界上的城市生活垃圾处理方式大致可以分为三种。一是美国、加拿大、澳大利亚等人少地多国家的填埋为主模式；二是欧洲大陆国家的回收利用为主模式；三是日本东京都等的焚烧为主模式。研究上海大都市生活垃圾处理的发生和发展，与东京都比较，是要建立国际水平的发展目标与做法。

663）在垃圾问题上，上海等中国大城市与东京都有多方面的相似性。第一，都属于东亚地区人多地少的国家，没有大规模的土地和空间用于填埋垃圾；第二，都是喜爱美食的民族，厨余垃圾比较多；第三，人口分布和空间结构相近，东京都23区大小范围相当于上海外环线内的中心城区。

664）上海2018年在新的起点发起垃圾分类社会运动，当时垃圾处理还是填埋为主，而东京早已确立了焚烧为主的模式。2015年，东京都生活垃圾焚烧处理占比超过75%，回收利用 20%，填埋处理占比 3% 左右。东京都将焚烧作为生活垃圾的中间处理手段，填埋作为最终手段，是对焚烧后的灰烬进行填埋。

665）东京都以 2000 年建设循环型都市为分水岭，可以分为两个时期，第一个时期重点是处理垃圾，第二个时期重点是减少垃圾。第一个时期经过三个阶段：1960—1970 年代以填埋为主导的集中处理阶段；1980 年代以垃圾分类、焚烧为主的分布式处理阶段；1990 年代加强了生活垃圾的资源化利用。

666）2000 年开始，日本提出循环型社会发展战略，东京都在实现了垃圾革命的第一步即完成垃圾分类、焚烧为主和资源化利用之后，开始了垃圾革命的第二步，围绕建设低废无废的循环经济型城市的高目标，通过从生产到生活再到末端处理的全过程变革，要让城市发展与生活垃圾的持续增长绝对脱钩。

667）2018 年上海制定《上海市生活垃圾全程分类体系建设行动计划（2018—2020）》，在新的高度上推进垃圾分类。到 2020 年取得了两增一减的成功，即分出的可回收垃圾增加了，分出的厨余垃圾（湿垃圾）增加了，分出的干垃圾（用于焚烧处理）减少了，实现了前面所述的第一个和第二个意义上的转变。

668）展望上海城市垃圾问题的未来，面对两种可能的选择。一是城市经济增长和人均垃圾产生量持续增高，继续被动地跟着走，增加垃圾焚烧等末端处理设施；二是转入垃圾革命第二步，锁定末端处理设施规模，倒逼人均生活垃圾产生量减少，使生活垃圾与城市发展的关系进入倒U形曲线的右侧。

669）显然，第二种选择是上海应该有的发展方向。这就需要超越简单的消费后垃圾资源化利用，推进循环经济主张的全社会多循环发展。其中，最积极的循环发展是物品分享，即用共享经济替代传统的拥有经济；其次的循环发展是物品的反复利用，延长物品的寿命周期；托底的循环发展是各种废弃物包括厨余物的回收利用。

诸大建（2004）：显然，走循环经济型的发展道路将使上海的城市固体废弃物特别是城市生活垃圾，从目前以填埋和焚烧为重点的无害化处理逐步转向更多地关注废弃物的减量化和资源化。这样做可以给上海带来可持续发展所要求的三重效益：其一，从经济角度可以控制日益增长的城市垃圾处理费用。上海每年投入1亿元资金用于城市垃圾处理，1990年代后期用于垃圾收集、处理和人头费的总支出已近10亿元，实现垃圾资源化可以减少处理费用以产生可观的经济效益；其二，从生态角度可以产生有利于可持续发展的环境效益。近年来上海垃圾日产已达1万多吨，如果按国外一般水平循环利用其中的20—30%，就能化部分垃圾为再生资源同时减少相应的环境污染；其三，从社会角度可以为解决就业问题提供新的思路。发展废弃物回收利用和垃圾资源化产业，可以解决城市下岗人员的一部分就业问题，文汇报1998年

7 月 14 日报道浦东新区仅废品回收这一项就可提供 682 个就业岗位即为一例。①

670）上海大都市的垃圾革命，最大挑战来自规模巨大的厨余垃圾，城市发展需要在三方面进行探索和创新。一是全社会要有健康新饮食概念，从源头减少厨余垃圾产生；二是垃圾收集环节要精准分出厨余垃圾，便于后续有效处理；三是处理后的产品要最大程度利用，能够成为绿色经济的增长点。

671—680：城市发展需要打麻将

671）2015 年以来，先后担任《上海 2035 总体规划》和《2035 国土空间规划编制》专家，主管部门认为空间规划编制需要引入可持续发展的概念，要在自然资本强约束的前提下，对中国城市和国土空间进行谋划和布局。我用打麻将的比喻说明城市发展如何与建设用地消耗脱钩，有大领导说这是诸教授的绿色发展麻将理论。

672）近年来，读到国外可持续发展研究者如杰克逊《没有增长的繁荣》（2009）等一类书，我有强烈的所见略同感觉。解读城市空间如何绿色发展，我说城市发展从土地要素驱动走向空间创新驱动，需要经历两个发展阶段。先是摸麻将用

① 诸大建，上海建设循环经济型国际大都市的研究．中国人口资源与环境，2004，14（01）：67—72.

地扩张，这是增量扩张阶段；然后是换麻将城市更新，这是存量优化阶段。

673）《城市星球》（2014）一书总结世界上的城市建设用地有三种模式，洛杉矶模式，城市发展摊大饼没有建设用地控制；伦敦模式，用绿带限制建设用地增长但是没有弹性；比较好的是纽约模式，建设用地要有弹性，追求在边界内合理增长。纽约模式可以对中国城市如何从高速度增长转向高质量发展提供启示。

《城市星球》，A. 什洛莫（A. Shlomo）著，2014年出版。可持续性导向的城市发展需要处理好四个命题。城市扩展命题要为容纳新增人口预留空间；可持续密度命题要求人口密度有弹性；居者有其屋命题要让低收入家庭有房可住；市政工程命题要在土地开发前预留街道、公共设施、开放空间等用地。

674）类似地，我用甜甜圈经济学的概念，区分了城市发展三种情况。一种是规模小于合理边界的增长型城市，属于甜甜圈的内圈；一种是规模超过合理边界的摊大饼城市，属于甜甜圈的外圈；可持续发展的城市化应该是甜甜圈中间圈，内圈型城市需要适度土地扩张，而外圈型城市需要空间收缩。

675）卡尔索普在《气候变化之际的城市主义》（2011）一书中说，绿色背景下的城市发展有四种情景，一是没有绿色技术沿袭蔓延趋势的发展情景，二是有绿色技术无土地约束的情景，三是无绿色技术有土地约束的情景，四是有土地约束有绿色技术的情景。我觉得，城市研究者需要认识到土地调控相对微观技术具有最大的绿色发展效益。

P. 卡尔索普（P. Calthorpe），TOD 理论和新城市主义运动的倡导者，联合国城市规划专家顾问小组首席专家。第一个将可持续性的理论和方法应用到社区尺度。近年来频繁访问中国，在绿色城市和 TOD 方面与中国有广泛的合作与交流。著有《气候变化之际的城市主义》（2011）、《翡翠城市》（2017）等。

676）研究中国城市绿色发展的空间表达，需要从大到小分析四个尺度。在国土空间尺度，按照中国城市人均建设用地 100 平方米的要求，14 亿人到 2035 年实现 70% 以上的城市化即 10 亿人，城市建设用地可以占用的规模是 10 万平方公里。有人指出，现在的城市规划建设用地加总起来已经超过了这个数。

677）我认为，国家发改委提出的主体功能区概念有很好的可持续发展理论支撑。国土空间规划体现绿色内涵，确实需要分出生态保护区、永久农田区、城市发展区等不同的功能分区。而在城市发展区的范围内，按照打麻将的概念，东部沿海是优化发展区需要换麻将，中西部是重点发展区需要摸麻将。

678）在区域发展尺度，中国城市发展既不能搞美国、加拿大、澳大利亚等人少地广国家的蔓延性城市化，也不能搞欧洲许多国家的空间相对均衡的城市化。中国特色的城市化应该是大中小城市抱团、空间紧凑、功能共享的城市群模式，要重点发展东西南北中五个大的国家级甚至国际级城市群。

679）在城市组合尺度，中国城市发展，要以生态、生产、生活三生协调思想为指导，大力发展有规模集聚效益的都市圈。基底是生态保护红线圈定的生态保护区和永久农田红线圈定的限制开发区，然后在城市增长边界内发展手掌式的都市圈，中心城市表现为同心圆，外围城市表现为辐射状。

680）在城市组团尺度，要围绕公共交通枢纽发展功能混合、空间紧凑的各种城市组团。工业文明时代的城市发展强调居住、工作、休闲、交通等功能分离，结果是城市蔓延、环境问题严重、生活品质低下；生态文明时代的城市要围绕公共交通枢纽，规划建设多功能的城市组团，这样既可以提高生活品质，也可以实现城市繁荣与土地消耗的脱钩。

681—690：崇明建设生态岛

681）崇明建设生态岛是上海发展不再追求城市扩张的一个事例。我清晰记得2001年的场景——在长江口从上海到崇明的公务船上，给上海实业的老总们解读《自然资本论》（1999）一书和崇明岛以生态为导向的发展设想。当时上实拿到崇明东滩的土地，邀请同济专家做战略规划，要在崇明讲一个上海未来发展的新故事。

682）那时新版上海总体规划（1999—2020）说崇明是上海发展的战略空间。我参与东滩发展战略研究，建议崇明应该搞成对上海、对中国、对世界都有探索意义的可持续发展的试验地。我说上海城市发展不仅需要有全球经济竞争力，而且需要有世界影响的可持续发展竞争力，前条线已有系统布局和推进，后条线可以从崇明岛进行突破。

683）与浦东开发需要土地扩展搞新城不同，崇明开发需要探索城市后扩张时代的全新发展道路。站在长江口从可持续发展角度看崇明，我提出上海发展应该有三个版本。上海发展 1.0 是苏州河两岸的浦西老上海发展，上海发展 2.0 是改革开放后跨过黄浦江的浦东开发，上海发展 3.0 应该是长江口绿色发展的崇明生态岛建设。

诸大建（2001）：上海的城市景观发展应该沿着黄浦江形成一个时间隧道，即从黄浦江源头的松江古城，通过明清时期的豫园老城，经由外滩一带的近代上海，再到九十年代具有赶超信息化时代性质的陆家嘴新城，最后发展到长江口领生态文明之先风的上海生态岛。我们认为，崇明岛开发不能再是对工业化时代摩天大楼城市的拷贝和克隆，而是应该进行城市发展的生态创新，建设成为亲和自然的宜人的后工业化城市。总之，通观上海的发展轨迹，如果说本世纪 30 年代在苏州河沿岸的发展标志着工业化时代的崛起，90 年代以来在浦东新区的发展标志着对信息化时代的反应，那么21世纪的崇明绿色开发就是上海现代化发展的第三次飞跃。上海的第三次飞跃必须抓住环境革命与生态文明的主题，实现从工业化与信息化向生态化的转变，从苏州河、黄浦江时代向长江口和太平洋时代的转变，从赶超型现代化向示范型现代化的转变。①

684）当时人们对崇明岛的发展方向是什么众说纷纭。有院士建议崇明应该再造一个香港，发展方向是更城市、更工业。我的看法是上海大都会不是缺香港，而是缺少伦敦和巴黎那样走出城市可以看到的绿色和乡村，崇明的发展方向应该更乡村、更生态，应该建设成为对上海中心城区水泥森林有反衬意义的生态美丽岛。

685）崇明建设世界级的综合性生态岛，是要把国际上可持续发展的三圈包含思想和国内生产、生活、生态三生协调的思想做在上海大地上，绿色生态、绿色社会、绿色经济三个系统应该在空间上有依次包含关系，体现生态环境限度内的经济社会繁荣。很高兴后来的崇明世界级生态岛发展规划是围绕这样的思想做出来的。

686）2001年上海实业组团考察美国和加拿大，我以盐湖

---

① 诸大建等，提升上海大都市绿色竞争力的战略举措—把崇明建设成为国际性生态综合示范区的研究 . 同济大学学报（社会科学版），2001，12（05）：21—27，54.

城鸟岛允许游客买票限额打鸟为例，解读崇明的生态优势如何转换成为发展优势。我执笔写出考察报告和政策建议，说东滩项目可以成为崇明世界级生态岛发展的头部项目，上海实业有条件与政府合作，用PPP模式进行生态导向的发展创新和制度创新。

687）崇明生态岛的设想被接受，但是发展过程也有曲折。上海实业邀请Arup就东滩发展做进一步的规划。2005年我去哈佛访学半年，当中被邀请回来参加东滩发展讨论，发现思路有一点偏离。我们最初的建议是崇明应该更乡村、更自然，现在的定位是崇明更城市、更人工，要把临近湿地的东滩做成50万人的生态新城。

688）Arup在世界上广作宣传，崇明东滩要建设世界上第一个生态城的信息开始风靡全球：欧美报刊媒体作为热点新闻，东滩的一些建筑设计上了杂志封面，国际学术会议展开专题讨论，业内人士来华开会专程要看崇明。我曾接到美国Science杂志记者的越洋电话，要求谈谈崇明开发和东滩项目。

689）Arup是英国公司，大本营在伦敦，英国特别希望把东滩项目和崇明开发作为中英合作旗舰项目进行推进。伦敦帝国理工成立了东滩开发大学研究联盟，英国政府拨出经费予以支持，中英高层出席合作签约仪式，领导人躬身去崇明岛进行考察……事情越来越热闹，只是我感到这好像不是原来期望的方向。

690）2007年东滩项目要做成50万人新城的设想戛然终

止。2010 年以来政府坚持按照上海 3.0 的初心推进崇明世界级生态岛建设，我们与联合国环境署合作撰写绿色经济教科书，专设一章讨论了崇明生态岛建设的案例。我觉得可以说的是，中国城市向可持续发展转型的第一把火，是从崇明建设世界级生态岛的构想中烧起来的。

691—700：城市物质消耗四个达峰

691）2018 年，吉隆坡，联合国人居署举办世界城市论坛，我应邀在分论坛做主旨发言谈中国城市的绿色发展，讲了四个领域的脱钩和人均资源环境消耗达峰问题。有人说听了我的报告，对中国城市如何绿色发展有了大格局的概念。多年来，中国城市绿色发展的四个脱钩一直是我参加国内外会议做报告不断更新的话题。

692）2021 年中国发展开始从第一个百年目标进入第二个百年目标，愿景是到 2050 年分两个 15 年两步走，最终建成社会主义现代化强国。整合以往的研究成果，展望中国城市的绿色发展，我说经济社会发展与资源环境消耗脱钩需要三个十年：2021—2030 年是相对脱钩，2030—2040 年是建立平台，2040—2050 年是绝对脱钩。

693）第一个十年的重点是产业结构的绿色转型。按照卡亚公式，在 GDP 高增长的情况下，绿色发展的首要目标是要通过产业结构和产品结构的减物质化，实现单位 GDP 的物质强度达到峰值。进一步，如果能够把强度降低到发达国家平均水平，中国城市的经济社会发展就可以与资源环境消耗实现高标准的相对脱钩。

694）第二个十年的重点是消费模式的绿色转型。变换卡亚公式可以得到，在人口增长走向平缓的情况下，控制人均消费的环境影响将变成绿色发展的主要驱动力。如果到2035年中国人均GDP翻一番达到人均2万以上美元，人均环境影响不超过世界人均水平，那么中国城市进入第三个十年就可以在资源环境总量意义上实现绝对脱钩。

695）如前所述，实现中国城市发展与资源环境的绝对脱钩，重点是要解决经济社会发展的四个结构问题，即以煤炭消耗为主的能源结构，以重化工业为主的产业结构，以土地蔓延为主的建设用地结构，以公路运输为主的交通结构。可以说，中国城市绿色发展的标志是在四个重大结构问题上实现四个方面的脱钩。

696）从消费方式看中国城市的四个脱钩，根本问题是人均资源环境消耗的四个达峰。即城市能源消耗与二氧化碳脱钩是要人均二氧化碳排放达峰，城市生产消费与固体废弃物脱钩是要人均生活垃圾产生量达峰，城市发展与建设用地消耗脱钩是要人均建设用地达峰，城市交通出行与小汽车化脱钩是要人均汽车保有量达峰。

697）就低碳城市而言，中国提出2030年碳达峰，这意味着城市化达到70%、人均GDP超过2万美元的时候，城市人均二氧化碳排放量不超过 8 吨。相对于发达国家历史上以人均 10 吨二氧化碳排放实现现代化，这是具有后发优势的进步。未来中国城市发展要关注的是，如何从减少工业和电力的生产性排放到控制交通和建筑的消费性排放。

698）就无车城市而言，相对于发达国家以千人小汽车保有量为 500 辆为特征的传统现代化，中国城市未来的绿色交通出行完全可以小于这样的规模。通过城市内发展地铁、地面加慢行交通，城市间发展干线、城际、市域铁路等轨道交通网络，中国的城市有可能在千人保有量不超过 300 辆的范围里实现交通出行的现代化。

699）就无废城市而言，中国城市固体废弃物管理是要实现人均生活垃圾产生量的达峰。近年来全社会推进垃圾分类，加强垃圾焚烧处理的力度，大幅度减少了原生垃圾的填埋，现在正在努力实现废弃物回收利用最大化。在这基础上，实现人均生活垃圾产生量的减少甚至控制在人均每天不超过 1 kg 也是可期的。

700）就紧凑城市而言，中国城市绿色发展的关键是人均建设用地不超过 100 平方米。近年来，许多城市的新一轮城市总体规划先后制定了规划建设用地零增长甚至负增长的发展目标，重点控制中心城区和主城区人口过密，增加都市圈外围城市的人口集聚。到 2035 年基本实现城市化的时候，期待城市人均建设用地也可以达到峰值。

第三次理论整合与可持续性文化：701—800

科学范式的硬核是价值观和方法论，在哈佛听到“可持续性科学”的概念，我觉得这个词有文化含量，开始思考和研究可持续发展理论的思想精华和核心价值是什么。

701—710：可持续性科学是文化

701）第一次听到“可持续性科学”这个词，是 2005 年在哈佛做高级研究学者，肯尼迪学院 Clark 团队在美国科学院院刊 PNAS 上发表了一篇题为可持续性科学的文章。当时我就觉得这个词有意思，除了有理论整合意义，还可以有更多的文化意蕴。科学范式的硬核是价值观和方法论，我开始思考和研究可持续发展理论的思想精华和核心价值是什么。

诸大建（1990）：科学革命的实质是科学观念的变革，这是客观存在着的历史事实，但同时也有内在的理论逻辑。在由科学事实、科学理论、科学观念三个基本要素组成的科学知识大厦中，科学观念居于最高层次，它代表着一个时代科学思想的精华，它为理论活动和实践活动提供了基本准则和框架。因此只有这种比较稳定的科学观念发生根本变革才具有重要意义，才构成了科学革命。而处于其下层次的、比较易变的科学理论由于其意义不能与之相提并论，因此它们的变化不能认为是革命。①

702）研究可持续发展这样的复杂对象，我觉得需要有三步曲的深入过程：先是不同问题不同方法的多学科研究（multi-）；然后是共同问题不同方法的交叉学科研究（inter-）；最高阶段是共同问题共同方法的跨学科研究（trans-）。我发现当下可持续发展的研究属于前面两个阶段的东西比较多，属于第三阶段的成果相对少。

703）哈佛访问期间，我发现有不同学科的教授在搞可持续发展，曾经向他们做问卷调查，问题设立中除了一些专门问题之外，特别问对可持续发展的学理基础是什么看法。大多数人回答说没有对此做过思考，或者说自己不是这方面的

① 诸大建，从板块学说看科学革命的若干问题．自然辩证法通讯，1990，12（01）：13—17.

专家。当时觉得人们在可持续发展的旗帜下发表意见，主要是用单学科的方法去谈问题。

704）2000年提出崇明建设生态岛，在有市领导参加的研讨会上，我建议按照可持续发展的三个支柱统筹发展生态自然、生态社会、生态经济三个系统。领导觉得经济、社会、环境三方面兼顾的设想有新意，问学术界这样研究问题的人多不多？我回答说不多。即使现在人人在讲可持续发展，其实真正整合性的思维仍然是稀缺。

705）对可持续发展做理论整合，以前我了解主要有Daly和芒那星河两个人的工作。前面讲到，芒那星河的三圈相交模型相对简单的三者并列模型是进步，但是相对于Daly的三圈包含模型，我觉得思想的深刻性不够。Daly强调经济社会是环境的子系统，可持续发展追求地球生物物理极限内的经济社会繁荣，理论整合性要大得多

706）但是我觉得把Daly理论称之为“生态经济学”或宏观环境经济学不是很合适。一方面，生态经济学内容覆盖经济、社会、环境三个方面，但名字听起来会被认为是用经济学的方法狭隘地研究生态环境问题。另一方面，用经济学解读可持续发展看起来高大上，其实可持续发展的丰富内涵是不能用单纯的经济学讲清楚的。

707）因此我看到Clark的可持续性科学这个词，眼睛马上亮了起来。觉得这个名字有学理性和包容性，把缘起于学术圈之外的可持续发展战略，与作为理论研究的可持续性科

学做了区分。它能够把各门科学的人包容进来，有非常广阔的研究空间，而不是像生态经济学的名字那样有一种拒人之门外的感觉。

708）Clark 的综合，强调可持续发展是四个资本的函数，不仅包括物质资本、人力资本、自然资本，还纳入了社会资本，这对可持续发展战略的四个支柱是很好的学理解读。诺贝尔经济学奖得主 Ostrom 强调治理研究和制度分析是可持续性科学的关键问题，我非常同意可持续性科学需要从三个支柱模型进入到四个支柱模型。

709）但是 Clark 模式对四个资本的逻辑关系缺乏深刻分析，回避了对可持续发展有前提性意义的强与弱问题。我从强可持续性解读可持续发展的四个支柱及其关系，会认为提高人类福利是可持续发展的目标，平衡自然资本、物质资本、人力资本是可持续发展的手段，具有协调和整合作用的社会资本是可持续发展的能力。

710）从根子上看，我觉得可持续发展的学理研究，应该类似于钱学森有关系统科学的研究，需要从实践层次的系统工程、系统方法向高层次的系统科学、系统观或系统哲学进行深化。可持续性科学最高意义上的理论整合是哲学和文化，需要从本体论、价值论、方法论等方面提升深刻性，为不同的学科和不同的角度提供有共享性的思维准则和方法论指导。

711—720：范式迁移说自己话

711）了解了有关可持续发展学理研究的国内外现状，我觉得可以从可持续性科学是范式迁移的角度，就新范式的思想硬核和核心价值说一些自己的话。2015年，联合国通过2030全球可持续发展目标SDGs，我们出版了《可持续发展与治理研究—可持续性科学的理论与方法》一书。在书中，我整合多年来的研究感悟讨论了作为新范式新文化的可持续发展是什么。

全球可持续发展目标（Sustainable Development Goals）：简称SDGs，是联合国为推进可持续发展而设立的一系列目标，用以替换2015年底到期的千年发展目标（MDGs 2001—2015）。执行时间为2016—2030年，包括17个目标169项具体目标。SDGs要求"可持续发展目标本地化"，各国政府应该将目标纳入国家法律体系，制定行动计划并安排预算进行推进。

712）我觉得研究可持续性科学，有三方面的重要意义。意义之一是，改变可持续发展应用性研究强、学理问题研究弱的局面。现实中，各自为战研究能源资源利用、污染治理、经济绿色化、社会脱贫等实务问题很活跃，但是常常各说各的话，没有共同的概念基础，可持续性科学可以提供前提性、统一性的概念和方法。

713）搞可持续性科学做理论整合，可以把多学科研究从混合性的水果拼盘变成为融合性的什锦果汁。例如经济与环境关系，搞经济的从经济学讨论环境问题，效率导向的微观思考比较多；搞环境的从环境学讨论经济问题，规模导向的宏观思考比较多。可持续性科学的研究需要把规模与效率问题用有自洽性的理论逻辑整合起来。

714）可持续性科学的研究成果，可以为各类组织开展可持续发展的实践提供共同的概念基础。现在政府搞可持续发展，企业搞可持续发展，NGO 搞可持续发展，高校搞可持续发展……可以说可持续发展遍地烽火。但是前提性的价值观不搞清楚，各自搞再多的时尚运动，也不会真正走向可持续发展。

715）意义之二是，建立可持续发展研究的逻辑框架，改变理论内部的破碎化。就学术研究本身，我提出用四个部分组成的工作模型进行理论整合：发展目标是包容所有人的社会福利，发展资本是包括物质资本、人力资本、自然资本的综合资本，发展能力是政府、企业、社会组织的合作治理，发展转换是生产与消费模式的转型。

716）可持续发展的关键，是对物质资本、人力资本、自然资本如何进行组合。传统发展观是弱可持续性观点，强调资本之间的替代性，实现可持续发展是对它们求代数和；可持续性科学是强可持续性观点，要求自然资本消耗最小化，社会福利最大化。从资本到福利的转化即生产与消费模式，是实现可持续性转型的抓手。

717）基于物理—事理—人理的逻辑，我从对象、过程、主体三个规范性的方面，概括了可持续发展认识问题和解决问题的三个法则：法则一是有边界，经济社会发展不能超越资源环境边界；法则二是讲源头，资源环境问题的源头是发展模式；法则三是管界面，可持续发展的利益整合需要加强组织之间的界面管理。

718）意义之三是，可持续性科学需要从学术圈子的专门知识升华为社会共享的观念文化，指出作为核心价值的本体论、价值论、方法论是什么。搞发展，核心价值不弄对，干什么都不对。可持续性科学的本体论，强调人与自然应该有内在的和谐。当代社会出现环境问题和社会问题，其实是人类发展背离了世界本源的内在和谐。

719）可持续性科学的价值论，强调与自然和谐的经济社会发展才是可接受的。经济社会发展要关注经济增长率是否持续超过资源生产率或者环境生产率。如果是，这样的发展就会透支和牺牲自然资本，长期的结果是不可持续。好的发展应该反过来，用自然资本的利息而不是本金发展物质资本提高社会福祉。

720）可持续性科学的方法论，强调可持续发展研究需要多学科、跨部门的整合。复杂问题，用单学科、拆解性的研究，无法进行解决，搞可持续发展特别需要消除经济学帝国主义的影响；用多学科、拼板式的研究，盲人摸象，也无法解决问题。可持续发展研究需要集成性、跨学科、跨组织的方法，在要素的交界面开展工作。

721—730：可持续性科学第一法则

721）某高层次的学术报告会，有专家做报告谈大国需要人口大城。听众中有人站起来提出质疑，说北上广深这样的中国超大城市中心城区空间规模和人口规模可以不加限制持续扩张的看法脱离实际。我想到，城市发展碰到的问题最好用可持续性科学的法则而不是用单纯强调效率的新古典经济学思想进行解释。

722）我心目中的可持续性科学应该强调三个最基本的思想法则，每个法则都有它们的本体论、价值论、方法论意义。可持续性科学的第一法则，是经济社会发展的物质规模不能超越生态环境的承载能力，这与传统的物质规模无限制的经济增长论不同，由此形成可持续性科学与新古典经济学的基本区别。

723）解读可持续性科学第一法则的本体论，我常常画一个两件套的中国套箱进行图示，里面是经济圈，外面是生态圈。从中可以看出，经济圈的物质规模靠消耗生态圈的物质流而成长，而生态圈的自然资本规模不是无限的，即生态承载能力是有边界的，因此经济圈的物质规模无限扩张是不可能的。

724）传统增长经济学的教科书表达经济增长，只有价值流的经济圈，没有物质流的生态圈，使得人们常常以为价值流可以脱离物质流而无止境增长。Daly 的书曾经写过 1972 年在世界银行有过一次争论，当可持续发展学者建议要画上外部生态圈的时候，增长经济学家说这不是经济学的思维方式。

725）可持续性科学第一法则的价值论，可以理解为好的发展是用一定量的物质消耗实现社会福利的最大化。可持续性科学讨论发展问题是双元论而不是一元论。其中，“发展”可以用人均 GDP 和人类发展指数表达；“可持续”可以用人均生态足迹表达。世界是平的，城市是尖的。好的城市发展是一定空间范围的人类发展福祉最大化。

726）第一法则的价值论，划清了与经济增长主义和传统环境主义的界限。经济增长主义，强调人均收入和人类发展指数是对的，但是忽略了生态足迹持续增长会使发展的边际收益递减；传统环境主义，重视生态足迹不要超过地球承载能力是对的，但是忽略了人类的物质基本需求和美好生活需求需要得到满足。

诸大建（2016）：如果弱可持续性是对的，那么可持续发展就是没有物质极限的发展，可持续性就是经济、社会、环境的适当平衡，包括先污染后治理的环境库兹涅茨曲线。如果强可持续性是对的，那么可持续发展就是物质极限下的发展。其政策意义在于，首先需要确定资源环境可以消耗的规模（经济可以有多大、经济现在有多大、经济应该有多大的问题）；其次确定人均意义的资源环境拥有量，这涉及发达地区和发展中地区的生态公平问题；然后才是市场意义上通过价格机制的提高效率问题。而弱可持续性只关注市场意义上的价格政策（相对稀缺问题），不关注生态公平方面的初始分配和生态规模方面的总量控制问题。现在讨论气候问题，基于总量和交易的模式（不是碳税模式）最充分地表现了强可持续性的思想。①

727）英国学者 Raworth 提出的甜甜圈经济学，是对双元竞争力的形象化表达。甜甜圈中间层是可持续发展的目标区域，这里经济社会发展能够满足人们的需要，生态消耗没有超过地球能力的天花板。甜甜圈的外部，物质消耗过大，这是当今发达国家的情况；甜甜圈的内部，发展水平不够，这是当今发展中国家的情况。

728）理解可持续性科学第一法则的方法论，要引入可持续发展的回溯法替代传统经济学的外推法，即从未来期望的生态消耗情景倒推现在的发展速度。例如，中国承诺 2030 年二氧化碳排放达峰，以此作为天花板倒过来推测，需要将经济增长率从 7% 调整到 5% 左右。可持续发展的方法论就是要用生态红线倒逼发展绿色化。

729）增长经济学家常常不接受回溯性研究法，他们强调的是从现在到未来的线性外推，用生态天花板控制经济增长

① 诸大建，可持续性科学：基于对象—过程—主体的分析模型 . 中国人口资源与环境，2016，26（07）：1—9.

在他们看来是不可理解的。我记得有一次在北京参加二氧化碳峰值的高端研讨会，围绕外推法和回溯法，不同范式的专家当场争论了起来。增长经济学者坚持认为回溯法不是经济学的思考方式。

730）用回溯法研究城市，是我认为可持续城市需要打麻将有两个阶段的思想基础。第一阶段是摸麻将，城市增长需要物质积累和空间扩张，这是增量型发展；第二阶段是换麻将，城市增长需要物质存量的改造和更新，这是稳态型优化。中国城市未来发展特别是沿海发达地区的发展，需要从摸麻将的高速度增长转入换麻将的高质量发展。

731—740：线性外推 vs. 情景回溯

731）2015 年的一天，有关方面在上海华山路举行小型内部研讨会，为中国 2050 发展战略提供思想输入，邀请参加的是上海一些顶尖学者。我一边听经济学家、社会学家、环境学家、政治学家高谈阔论，一边从可持续性科学进行整合思考。我觉得中国 2050 特别需要研究经济、社会、环境三个维度的整合性和协调性问题。

732）谈中国发展的未来，有经济学家强调中国经济要持续高增长，成败标准是人均 GDP 与欧洲和美国比高低。我听了，奇怪他们难道不知道国家领导人刚刚在联合国向世界承诺 2030 年中国二氧化碳排放要达到峰值？在能源约束和碳排放约束的背景下，中国经济还可能并且必须有与过去一样的高增长吗？

733）用新古典经济学做研究工具的经济学家讲中国发展，常常以人均 GDP 做标准对标欧美发达国家，认为社会福利最大化是个人福利最大化的加和。很少听到经济学家有新思路说，在自然资本有约束的条件下，在生态文明的情况下，中国的现代化和社会总福利增加如何与西方模式不一样。

734）经济学家通常相信，自然资本对经济增长有约束是老朽的马尔萨斯观点，看未来的思维惯性是线性外推法，即假定经济增长是自变量，资源环境是因变量，后者由前者决定和导出。他们是技术上的乐观主义，相信生态环境问题可以通过技术创新和市场机制得到解决，反对者被认为是现代马尔萨斯主义。

735）我研究可持续发展，没有传统经济学线性外推的思维惯性。运用可持续性科学第一法则，在自然要素存在约束的情况下，看未来的思维方法应该是情景回溯法，即将要达到的资源环境消耗峰值作为自变量，将经济增长作为因变量，要在生态红线和阈值内努力实现繁荣和共享的发展。

736）中国承诺二氧化碳排放达到峰值，就是经济增长率要与碳排放强度下降实现对冲。我认为，按照过去几年碳生产率年平均最大是 4 ～ 5% 的情况，中国要实现碳达峰的目标，经济增长速度在 2030 年之后要主动调节到 5% 左右，到 2050 年是 3% 左右。用回溯法考虑中国碳达峰约束下的新发展，与过去 40 年的思维应该不一样。

737）把经济、社会、环境整合起来做研究，不会认为中国经济未来发展如某些经济学家言，还可以 8% 增长持续 30 年。我认为，可持续发展情景下，中国的理想目标也许是 2050 年人均 GDP 达到 4 万美元左右，在非最高经济水平下有高的人类发展，实现生态文明下社会繁荣和共同富裕的中国式现代化。

738）21 世纪上半叶的中国发展也许有三个阶段。第一阶段是 2001—2020 年，中国经济高速度增长，伴随资源环境高消耗；第二阶段是 2020—2035 年，资源环境消耗进入平台期，经济社会发展与资源环境消耗开始脱钩；第三阶段是 2035—2050 年，中国成为低自然消耗、高人类发展的现代化强国。

739）事实上，2020 年成为转折点。国家制定十四五规划和到 2035 年的中长期发展战略，提出到 2035 年人均 GDP 用 15 年时间翻一番到 2 万美元，这意味着平均年增长率是 5% 左右，同时要加大共同富裕和绿色发展的力度。中国式现代化开始探索如何用非高位的经济增长和环境影响达到较高的人类发展水平。

740）纵观从 1978 年改革开放起步到 2060 年中国碳中和的 80 年，我觉得中国现代化可以概括为一前一后两个 40 年。第一个 40 年即 1980—2020 年是中国的高速度增长，与西方 1750 年以来以煤和石油为主导的传统工业化可以做对照；第二个 40 年即 2020—2060 年是中国的高质量发展，中国应该成为新能源革命、新工业革命和可持续发展的领头羊。

741—750：可持续性科学第二法则

741）多年前，北京来人为起草全国党代会文件到上海调研，开学者研讨会我有幸被邀请参加。我发言说：生态文明是大词，但是相关文件有把它简单等同于环境保护的感觉，生态文明应该作为新发展模式，渗透在中国五位一体现代化建设的所有领域。我这么说，是出于可持续性科学第二法则的思考。

742）可持续性科学的第二法则是认为气候变化、生物多样性减少等全球环境问题是人类活动引起的而不是自然活动引起的。其本体论意义强调，地球上没有人出现的时候没有环境问题，人类出现之后才有环境问题并且日趋严重，为此学术界提议要在地球发展史上分出人类世（Anthropocene）。因此可持续性科学是有关后工业革命的科学，是要发起一场史无前例的新工业革命。

《大加速：1945年以来人类世的环境史》，J. R. 麦克尼尔和P. 恩格尔克（J. R. McNeill和P. Engelke）著，2014年出版。人类世是诺贝尔化学奖得主克罗岑等2000年提出的概念，强调当前的地球环境变化主要由人类活动导致，1750年以后的蒸汽机革命是人类世的开始。本书认为1945年爆发第一颗原子弹使得人类对地球的环境影响进入大加速阶段，主要表现在能源与人口、气候与生物多样性、城市与经济、冷战与环境文化等方面。

743）人们通常以为，有金山银山的地方同时有青山绿水，一定是环保工作做得好。我从可持续性科学第二法则做解读，认为情况不是这样。我的看法是，靠污染治理末端突击，可以做一些大扫除的工作；但一个地方在发展的同时有青山绿水，一定是发展模式做对了。后者才是青山绿水真保障。

744）一个地方如果环境问题很严重，靠污染治理实际上是难以治愈的。就像高血压，吃药只是缓和状态的治标之策，改变生活方式才是治本之道。治理中国城市雾霾，拍胸脯说可以通过环保大跃进立马进行改进是非科学的笑话，只有艰苦地改变工业化和城市化的发展模式才会有根本性改变。

745）关于可持续性科学第二法则的价值论意义，斯佩思在《世界边缘的桥梁》(2008）一书中提到，末端治理是3个80%的连乘，最多只有50%的效果。搞生态文明也要有80/20定律，80%是在经济社会源头做工作，20%才是末端治理。如果谈论生态文明主要是谈污染治理，那就不是新发展模式。

《世界边缘的桥梁》，J. 斯佩思（J. Speth）著，2008年出版。研究了美国的环境保护政策与经济发展之间的关系，针对单纯追求GDP对生态环境所造成的严重影响，提出了从根本上解决环境问题的方法和建议。本书虽然讨论美国的环境与发展问题，但其中的思想和方法具有面上的警示和借鉴意义。

746）我从第二法则提出中国发展 C 模式的建议。A 模式是经济增长与环境影响同步增大的传统发展模式，以先污染后治理为特征；B 模式是发达国家对 A 模式的矫正，消除环境影响回到生态阈值内；C 模式是发展中国家可以有的跨越式发展模式，要利用后发优势对环境问题做事先预防而不是事后处理。

747）中国 C 模式对政策制定和执行有非常高的要求，决策者对欧美 A 模式要有思想防疫能力，要从上往下始终如一地有定力推进低自然消耗下的经济增长和社会繁荣。我做报告写文章论述中国发展 C 模式，认为 2020—2030 年是环境与发展脱钩的机会之窗，错过了就难以实现跨越式的发展。

748）关于可持续性科学第二法则的方法论，我觉得要活用基于原因—状态—反应因果关系的 PSR 方法。状态 state，分析资源消耗和环境影响的现状是什么；原因 pressure，分析导致资源环境压力的经济社会原因是什么；反应 response，分析政府、企业、社会如何合作治理去改变现状根治压力。

749）用 PSR 方法研究气候变化和双碳发展，可以看到双管齐下的处理问题思路：适应 adaptation，是采取措施适应正在发生的地球变热；减缓 mitigation，是进行能源转型降低二氧化碳排放。可持续性科学的解决方案总是强调应急管理和源头根治相结合，而不是只有末端处理如应对气候变化强调

CCUS 技术和在太阳周围建设昂贵的地球工程等。

750）参加政府和学术界的学术讨论和政策咨询，我经常被介绍是环境方面的专家。我也经常要做一些声明，强调我不是搞环保的，我是研究可持续发展的。可持续发展不等于环保，它恰恰是要整合和平衡发展与环境的关系；生态文明也不是单纯的生态，它是要倡导人与自然协调的新文明。

诸大建（2016）：在理论研究和政策分析中，许多人常常把可持续发展归结为环境问题，单纯地强调经济方式不变的情况下加强末端环境污染治理。从可持续发展的角度看，这不仅没有从物质流和价值流的因果关系看资源环境问题产生的根源，也不能从标本结合的角度解决问题。事实上，可持续发展源于环境问题，但是给出的解决方案高于传统环境主义的思考，要求发展模式的变革。了解可持续发展的过程视角，可以从理论探讨与政策变革的结合上推动发展转型和政策创新。①

751—760：C 模式的深化和丰满

751）C 模式是用可持续性科学第二法则得到的产物。我用 C 模式研究中国式现代化，有两个考虑。一是在西方，A

① 诸大建，可持续性科学：基于对象—过程—主体的分析模型 . 中国人口资源与环境，2016，26（07）：1—9.

模式与B模式常常表示为对立两极，C模式具有超越两者的第三条道路含义，可以区别布朗提出的B模式；二是C模式表示中国模式，可以用可持续发展的国际语言讲述绿色发展的中国故事。

752）国外学者特别是欧洲学者通常把绿色转型解释为脱钩发展，分为绝对脱钩和相对脱钩两种。他们认为B模式的真正内涵是绝对脱钩，提出一个欧洲式的术语叫减增长（degrowth）。意思是说，发达国家的物质消耗已经大大超过了地球生态承载能力，需要通过控制和降低经济增长实现绝对脱钩。

753）从2005年发表C模式文章以来，我的思想是不断深化和完善的。最初是2008年在内罗毕ISEE国际大会，我做主旨报告谈循环经济与资源生产率。有学者评论说，效率改进在经济增长史上不是什么稀奇事情，如果循环经济只是一般性地提高效率，就没有可持续发展新经济的变革意义。

754）我深入阐明C模式的意义说：中国绿色发展是要大幅度提高资源生产率，使得经济社会发展的资源环境影响控制在自然极限内，用相对脱钩的方式实现现代化。中国C模式与发达国家B模式的不同是：后者先是超越了自然的极限，然后通过降低经济增长和减少物质规模回到极限之中。

755）2010年到台北参加上海—台北双城论坛，在诚品书店觅到日本学者写的一本好书《绿色复苏时代》（2006），用抛物线模型讨论自然消耗与生活满意度的关系。说发展中国家在抛物线的左边，是流量增长社会；发达国家在抛物线的右边，是存量优化社会。好的发展是一定物质存量下的满意最大化，不同国家都可以有作为。

756）从日本作者的自然—满意度曲线，我想到 C 模式与 B 模式的另外一种区别。B 模式对发达国家，因为物质存量已经具备，绿色转型的重点是优化存量。C 模式对中国，因为物质存量有待增加，绿色发展需要流量增长。这与人的物理发展同样道理，年轻时长身体长个子，长大后要控制体重。

757）存量流量的变化与我打麻将的比喻有相似性，分析城市发展可以看到 C 模式的新意：传统 A 模式是摸麻将，是城市物质要素的积累与扩张；西方 B 模式是减麻将，是把摊大饼式的城市物质规模降下来。C 模式是换麻将，强调从物质要素积累开始就要提高资源生产率，以少产多实现绿色的跨越。

758）2012 年参加联合国里约 +20 会议，听到了甜甜圈经济学的理论。甜甜圈经济学基于 2009 年提出的地球行星边界概念与社会基本需要概念，将不同国家的发展状态分为三种：超出行星边界的是发达国家，低于社会基本需求底线的是发展中国家，位于中间的是可持续发展理论追求的状态。

759）我觉得用甜甜圈模型表达 C 模式，可以增加画面感和可比性：传统 A 模式不仅越过了社会需求底线而且超出了地球行星边界；所以需要有 B 模式把发达国家的过物质化拉回来；发展中国家需要 C 模式，是要实现不超过行星边界的发展。2015 年去伦敦开会遇到甜甜圈作者，交换想法对此有认同感。

760）我研究中国发展 C 模式，是要结合中国国情有效地解决可持续发展的三个门槛问题：一是生态门槛，在地球行星有物理边界的条件下，无限制地追求经济增长是不可能的；二是福利门槛，无止境的经济增长对于福利增长也是不必要的；三是治理门槛，提高社会福祉只有政府力量或非政府力量是不够的，需要多元组织的合作治理。

761—770：可持续性科学第三法则

761）研究 PPP，我常常讲哈佛教授给研究生上课如何进行 PPP 导向的城市开发的故事。讨论波士顿城市更新，教授把学生分为三组，一组从开发商角度设计方案，一组从政府角度设计方案，第三组对企业与政府的方案进行中和，兼顾政府与开发商的目的。正是从那时起，我对 PPP 如何把不同利益整合起来有了深刻的理解和操作概念。

762）可持续性科学第三法则，强调可持续发展的多元目标，要靠利益相关者的合作治理来实现。其本体论的意义是，可持续发展实际上是利益相关者共同治理的结果和投影。我的一句话被同行认为是金句：没有可持续发展导向的合作治理研究是盲目的，没有合作治理保障的可持续发展研究是空想的。

诸大建（2016）：政府、企业、社会组织是理想化的状态，实际上在组织为非第一责任者的情况下即组织之间的界面上，可持续性科学要求可以采用公私合作、政社合作或者企社合作的方式进行治理，所谓合作式治理和合同式治理。例如，政府提供和企业生产城市基础设施；政府安排和社会生产城市社会服务；企业安排和社会生产科技创新产品等等。因此要注意发展三种介于组织之间的混合型组织。[①]

763）20多年前参与研制21世纪议程上海行动计划，搞到一份首尔的可持续发展规划，发现他们写行动领域，除了说明现在在哪里的现状和问题，指出要到哪里去的目标与指标，特别强调如何去那里的主体和措施。这启发我建言献策上海应该从政府、企业、公众等主体加强可持续发展能力建设。

764）那时候被邀请到复旦参加政治学者的治理研讨会，我发言自问自答。联合国提出全球治理概念 for what？我说，提出治理问题的初心，不是为治理而治理，是要为了可持续发展而治理。治理的好坏和有效与否要用可持续发展衡量，全球治理问题研究的重要性直接与可持续发展有关联。

765）可持续性科学第三法则的价值论，是有利益相关者参与的战略、规划、政策才是管用的。不管研究中长期发展战略还是一个行业性的问题，都需要识别系统中的政府相关

① 诸大建，可持续性科学：基于对象—过程—主体的分析模型．中国人口资源与环境，2016，26（07）：1—9.

者、企业相关者、社会和公众相关者和决策咨询相关者，需要发现他们的利益冲突和相交点，要寻找最大公约数求同存异。

766）指导博士研究生做 PPP 方面的论文，我强调要从管理角度而不是融资角度做研究。中国搞 PPP 很热闹，能否真正成功，从主体角度看要有两个标准。一是独立的社会资本特别是民营资本是否成为第二个 P 的主力；二是在 PPP 中要有服务接受者的概念，看服务接受者是否参与了合作治理。

767）摩拜等共享单车，是讨论可持续发展与合作治理的一个很好的公共案例。以前政府搞公共自行车不成功，是没有利用社会资本力量进行创新，没有解决老百姓的需求痛点。现在摩拜单车以政府没有想到的形式出现，成功与失败，都需要分析政府、民营资本、消费者多方利益在其中的作用。

768）可持续性科学第三法则的方法论，是可持续性的价值矩阵和冲突管理。可以把企业可持续发展的戴姆勒矩阵或重要性矩阵，用来分析公共服务的界面管理：两个利益相关者组成二维矩阵，每个维度代表利益相关者关注的问题及重要性，创造共享价值是要找到两个利益相关者的共同利益。

769）用冲突管理理论可以理解利益相关者二维矩阵分析方法背后的机理。如果利益相关者追求的是冲突的价值，那么管理思路就是沿着两者的对抗线发展，不是你输我赢，就是你赢我输；如果利益相关者追求的是共享的价值，那么管理思路就是沿着两者的妥协线发展，两者利益有交集。

770）城市邻避事件是研究冲突管理与合作治理问题的重

要案例。邻避事件中政府与百姓之间沿着对抗线你进我退，最终不可能有一方获利。邻避事件要成为迎避事件，就需要寻找利益交集。利益各方在妥协线上向前推进，垃圾场等老大难问题就可以转变成为上上下下赏心悦目的城市景观。

771—780：用 OPS 思维解问题

771）将可持续性科学提炼为三个法则，我有成就感，觉得研究可持续发展有了元科学意义上的思想飞跃。研究问题以前是简单地解读 why、what、how 等方面，现在变成探索性地分析对象（object）、过程（process）、主体（subject）等关键要素，理解问题的实质是什么，我称之为是 OPS 思维。OPS 思维有助发现功能，就我自己而言，有点新意的想法常常是 OPS 思维的产物。

772）用 OPS 思维研究城市发展，解读城市发展需要从空间规模扩张向场所质量优化进行提升，我认为目标要从经济增长转向人类发展，对象要从经济系统转向经济、社会、环境三重底线，主体要从政府单干转向政府、企业、社会多元合作，过程要从被动式事后治理转向主动性全程管控。

773）研究中国城市发展从高速度增长向高质量发展的转型，我说改革开放以来的工业园区模式是用资本密集产业吸引劳动工人，然后完善城市功能；新时代高质量发展的模式应该是用城市适宜性吸引创意阶层，然后带来创新型产业。

前者是 People follow business，后者是 Business follow people。

774）用 OPS 方法研究生态文明与绿色经济，我自我发问生态文明等于环境保护吗？然后有所发现地回答说，对象方面，生态文明超越了资源环境问题，重要的是绿色发展；过程方面，是从末端污染治理转向源头的生产消费绿色化；主体方面，是要从环保者发力变成为更广泛的全社会行动。

775）解读循环经济，我觉得服务循环应该是最高境界，强调要发展不卖产品卖服务的产品服务系统。理解循环经济对中国式现代化的重要性，我说以传统拥有经济的方式搞现代化，经济增长再怎么提高效率，资源环境影响都难以降下来；转向使用导向的新经济方式，可以跨越式地走向生态文明。

776）用 OPS 思维分析国内 PPP 方面的理论与实务，我觉得研究视角需要扩大。对象面，PPP 不能只有经济型基础设施，还要包括社会型基础设施；主体面，既要关注消费者付费的传统项目，也要花力气改革政府付费的公共服务；过程面，PPP 绩效需要兼顾经济与效率、生态与公平。

777）我说发展公私合作伙伴关系对可持续发展很重要，但是不能限于研究内涵狭窄的 PPP，而要把 PPP 与合作生产和合作治理关联起来。我们把 PPP 分为三种表现形式，除了合同制 PPP，还有政府规制的 PPP 和体制化的混合经济 PPP。我觉得这样的类型学研究是有利于可持续发展的。

778）用 OPS 思维研究联合国 2030 议程，可以把 SDGs 的 17 个目标归并为资源环境消耗、经济社会发展、两者集成三个大组。我感兴趣研究城市发展（目标 9 基础设施和目标 11 可持续城市）、绿色经济（目标 12 消费和生产与目标 13 气候行动）、伙伴关系（目标 17）等，是因为这些目标需要用投入最小化、产出最大化的脱钩思想进行整合研究。

779）用可持续性科学和 OPS 思维看联合国的 SDGs，还可以看到现在的框架存在两个严重的问题。问题之一来自地球行星边界概念的挑战，SDGs 提出了 17 个发展目标 169 个领域 230 多个指标，在不断具体化和细节化的同时，需要引入地球行星边界概念进行战略整合，强调可持续发展的最终目标是实现地球生态环境极限内的经济社会繁荣。

780）问题之二来自中国五位一体发展理念的挑战，联合国的 SDGs 体系包括经济、社会、环境、治理四个支柱，中国的发展体系把文化独立出来作为第五个要素。近年来已有越来越多的学者强调文化对于可持续发展的重要性。我希望，到可持续发展的下一个 20 年即 2032 年，文化会成为可持续发展体系中的新支柱。

781—790：文化作为第五个支柱

781）2018 年，英国利物浦，联合国人居署世界城市日主论坛，我做主旨发言从新编《上海手册》谈城市可持续发展。我说，可持续发展框架通常是经济、社会、环境、治理四个支柱，我们认为需要把文化独立出来作为第五个支柱。参加国际学术活动多次听到国外学者有过这方面的建议，但是我们研制城市可持续发展的上海手册已经实质性地做了起来。

782）2012年中国提出经济建设、政治建设、文化建设、社会建设、生态文明建设五位一体的发展目标，2020年提出到2035年要建设成为富强、民主、文明、和谐、美丽的社会主义现代化国家。五位一体发展观在文化维度超越了联合国的四个支柱，特别重视文化建设对于经济社会和谐发展的意义。

783）文化作为可持续发展的第五个支柱，其意义可以从三个方面理解。一是作为独立物，文化产品和文化服务是人们对美好生活的精神需要；二是作为黏合剂，通过制度安排调适经济、社会、环境之间的利益冲突；三是作为领导力，在文化多样性的世界用包容文化建设和而不同的人类命运共同体。

784）可持续发展除了满足人们的物质生活需求，还要满足人们日益增长的文化生活需求。城市发展需要图书馆、博物馆、科技馆等文化设施，享受生活需要电影、表演、音乐会等文化服务。现在搞可持续发展，文化建设只在社会维度中占有非常微小的地位，有充分理由需要独立出来增加它们的比重和作用。

785）但是文化更是一种利益协调的软实力。可持续发展搞了许多年，对经济、社会、环境的协调发展仍然存在着意见分歧和观点冲突，这首先是因为利益相关者有不同的利益追求，其次是需要有整合性的理论和方法来化解利益冲突，为不同的利益主体追求最大公约数提供理论指导和方法论。

786）我研究可持续性科学，强调三个基本法则和OPS思维，就是希望在这方面做一些理论性的探索。在操作方法和制度安排上，我觉得可持续性科学有关利益相关者价值矩阵的研究成果需要发扬光大。搞发展总会有不同的利益相关者，大家各有各的利益和偏好，可持续发展的成败是寻找其中的交集和最大公约数。

787）布拉德福德的《面向可持续发展的全球领导力》（2015）一书在这方面做过有创意的工作。他说，用文化驱动可持续发展有三种决策模式。第一种是一维的线性光谱决策模式，第二种是二维的马赛克决策模式，第三种是三维的星系决策模式。他认为，星系决策模式包容了最多的多样性，可以在众多的可能空间中找到解决利益冲突的政治平衡空间。

《面向可持续发展的全球领导力》，C. I. 布拉德福德（C. I. Bradford）著，2015年出版。作者认为当前包括G20在内的国际峰会常常关注短期的经济议题，而将文化多样性展现出来的社会智力引入高层领导人的峰会，可以在应对世界系统性生存威胁上更加有效地进行全球治理，达到2030年可持续发展议程所期望的目标。

788）将文化引入可持续发展，关注的问题需要从看得见的物质性层面进入到看不见的文化性层面，进入到库恩所说的有关价值观的思维和文化革命。很长时间来，G20等世界首脑高峰会议受到经济学分析方法的制约，讨论的问题都是些短期的经济议题。2016 年在杭州举行的 G20 会议，中国做出了要将文化多样性引入可持续发展和全球治理的努力。

789）传统工业化是西方中心主义的，经济性、排他性和竞争性的零和博弈思维是主导；可持续发展是新版本的全球化，要倡导多元性、多样性和和谐性占主导的多元共赢新文化。我同意布拉德福德的看法，推动全球可持续发展的中心力量，应该是 G20 成员国拥有的文化多样性，文化动因有理由高于经济等动因发挥领导力作用。

790）可持续发展的文化建设，最重要的是让世界普遍拥有文化包容的精神气质。如果世界发展是传统和狭隘的竞争思维占主导，那么在多样化的世界搞有管理的竞争充其量只是权宜之计。可持续性的文化价值和历史使命是有差异的合作和和而不同的多边主义，可持续发展与人类命运共同体具有非常深刻的内在联系。

791—800：中国要对可持续性文化做贡献

791）2015 年联合国提出 2030 战略（SDGs），世界各国与可持续发展有了更紧密的关联。2016 年 G20 峰会，中国对全球治理与可持续发展问题发表了系统性的看法和主张。2019 年总书记提出可持续发展是解决全球问题的金钥匙。2015 年以来，我越来越多地关注可持续发展中的文化领导力问题。

792）我说中国对可持续发展可以有三种不同的态度。第一种是认为可持续发展是西方国家感兴趣的东西，与中国没有太多关系；第二种是可持续发展是联合国通过的发展战略，中国需要结合自己情况有创意地推进实施；第三种更进取的态度是认为可持续发展是世界接受的发展语言，中国需要用中国实践、中国故事和中国思想做出贡献。

诸大建（2019）：中国对待可持续发展可以有三种态度，一种是把可持续发展看作西方思想和西方话语，不以为然，只搞自己的发展理论与战略；另一种是把可持续发展看作联合国的既定战略和已有主张，中国主要是执行，在思想理论上不用作为；我个人认为，好的做法是认同可持续发展是世界一致通过的发展思想和共同愿景，中国在自己的发展中贯彻执行的同时，也为它的深化提供中国思想和中国方案。习近平主席采取的就是这种第三种战略或我平时说的C模式战略，这与倡导人类命运共同体的做法是高度一致的、高度自洽的。习近平主席说，人类再次站在了历史的十字路口。可持续发展是破解当前全球性问题的"金钥匙"，同构建人类命运共同体目标相近、理念相通，都将造福全人类、惠及全世界。中国愿继续同各方携手努力，秉持可持续发展理念，体现人类命运共同体担当，倡导多边主义，完善全球治理，共同促进地球村持久和平安宁，共同创造更加繁荣美好的世界。①

① 诸大建，用中国方案深化可持续发展．可持续发展经济导刊，2019，(06)：12—13.

793）从联合国的四个支柱，可持续发展的全球治理可以按照全球经济治理、全球社会治理、全球环境治理、全球政治治理展开。与中国五位一体发展思想结合，我特别关注从经济、政治、文化、社会、生态五个维度，比较中美可持续发展价值观念的差异，研究中国对可持续性发展可以做的贡献。

诸大建（2020）：2019年习主席在第二十三届圣彼得堡国际经济论坛全会致辞，指出可持续发展是破解当前全球性问题的"金钥匙"，指出中国推进可持续发展要做到"三个坚持"，即"我们要坚持共商共建共享，合力打造开放多元的世界经济"，"我们要坚持以人为本，努力建设普惠包容的幸福社会"，"我们要坚持绿色发展，致力构建人与自然和谐共处的美丽家园"。联合国的全球可持续发展目标或以可持续发展为导向的新全球化包括经济、社会、环境、治理四个大的维度，习主席的联合国大会讲话与这四个方面有对应，系统地表达了中国在当前抗疫挑战下推进全球可持续发展的想法和做法。一是在社会文化上，面对世界上有人强化意识形态分歧、挑起文明之间冲突，中国强调人类命运共同体的概念，我们要和而不同有包容性，要尊重各国有权力选择各自的发展道路和模式。二是在经济发展上，面对世界上有人反全球化、重搞贸易保护主义，中国强调世界经济不可能退回彼此封闭孤立的状态，我们要秉持改革开放理念，坚定不移构建开放型的世界经济。三是在生态环境上，面对有人重复只讲索取不讲投入、只讲发展不讲保护、只讲利用不讲修复的老路，中国强调发展必须是可持续的，我们要自我革命，加快形成绿色发展方式和生活方式，建设生态文明和美丽地球。四是在全球治理上，面对有人在国与国关系上搞单边主义、破坏国际秩序，中国强调要坚持多边主义道路，我们要维护以联合国为核心的国际体系。特别是大国应该有大的样子，要提供更多全球公共产品，承担大国责任，展现大国担当。联合国以可持续发展为导向的新全球化思想，与中国经济、政治、文化、社会、生态文明五位一体的发展理念是高度一致的，当前中国国内正在加紧制定十四五规划和2035年发展愿景，它们正在有力地融入中国未来全面建设现代化国家的发展蓝图和发展规划之中。①

794）在生态环境上，可持续发展有强与弱两种范式。中国接受地球行星边界的概念，相信三圈包含的强可持续性，要用生态文明实现资源环境红线内的经济社会发展；美国的发展政策较多受到新古典经济学的影响，偏向三圈相交的弱可持续性，不认为经济社会发展存在地球生物物理的极限。

795）在经济增长上，按照甜甜圈经济学，美国是物质消耗过冲后的减增长，中国要在生态阈值前实现绿色增长。这是两种不同的可持续发展转型模式，由此导致中美之间在全球治

① 诸大建，习主席联大讲话从三个方面助推全球可持续发展 . 可持续发展经济导刊，2020，（10）：13—14.

理重大问题上的立场差异。当前在气候问题上的中美冲突是，美国试图用减增长的 B 模式，要求中国激进减排抑制发展。

796）在社会福祉上，中国后 2020 议程在人均 GDP1 万美元基础上加强了共同富裕的力度，做大蛋糕的同时要分好蛋糕，努力实现基本公共服务的均等化；美国发展较少有福祉门槛的观念，政策执行相信社会福利最大化是个人福利最大化的结果，改善穷富差距可以靠涓滴效应得以实现。

797）在治理体系上，美国的治理体系和治理能力其实是与可持续发展不相容的。与美国的市场至上和单边主义不同，中国在国际上强调以联合国平台为基础的多边主义，在国内强调有国家力量主导的多元参与。中国的国内治理是一核多元的五星红旗模式，既不是简单多元，也不是简单一核，在经济增长、社会脱贫、环境治理等发展事务上表现了有效性。

798）在精神文化上，中国的价值观是文化多样性，不认为世界各国的文明可以区分高下优劣，要尊重各国自己的选择，搞可持续发展与人类命运共同体是一体两面的东西；美国的价值观是文明冲突论，竭力希望用西方中心主义统一世界。这是可持续发展各个领域存在冲突的文化根源，也是文化需要作为可持续发展第五个支柱的理由。

799）对于美国个别人的作为，我有过一次不好的个人体验。2005 年在波士顿居住半年，碰到一个脾气暴躁、性格无常的美国房东，好起来对人亲热肉麻，不好时候翻脸不认人。一次他发脾气咆哮着要我马上离开，我不得已打 911 叫来警察，我结清房费水电走人，他开支票退我押金。没想到警察走后他转身悄悄让银行作废了支票。

800）我当然不认为个案可以代表美国人的普遍文化，但是看到美国政府在可持续发展和全球治理问题上，对内对外有两套标准，总是情不自禁会想到这个蛮横无理的房东故事。我同意乔姆斯基在《经济学人》上最近一篇文章中说的话：一旦我们能以要求别人的标准来要求自己，世界就将大不相同。中国的孔子很早就告诉我们己所不欲，勿施于人。

N. 乔姆斯基（N. Chomsky），1928 年出生。美国语言学家，转换—生成语法的创始人。1951 年和 1955 年先后在宾夕法尼亚大学获硕士和博士学位。毕业后在麻省理工学院任教，曾任语言学与哲学系主任。1967 年发表《知识分子的责任》一文反对越战。从那以来，作为公共知识分子对美国外交政策及权力的合法性等问题开展了持续的批判。

图书在版编目(CIP)数据

我是可持续发展教授/诸大建著.—上海:上海三联书店,2022.8
ISBN 978-7-5426-7742-6

Ⅰ.①我… Ⅱ.①诸… Ⅲ.①可持续性发展-研究-中国 Ⅳ.①X22

中国版本图书馆CIP数据核字(2022)第114320号

我是可持续发展教授

著　　者 / 诸大建

责任编辑 / 殷亚平
装帧设计 / 一本好书
监　　制 / 姚　军
责任校对 / 王凌霄

出版发行 / 上海三联书店
(200030)中国上海市漕溪北路331号A座6楼
邮　　箱 / sdxsanlian@sina.com
邮购电话 / 021-22895540
印　　刷 / 上海普顺印刷包装有限公司

版　　次 / 2022年8月第1版
印　　次 / 2022年8月第1次印刷
开　　本 / 889mm×1194mm 1/32
字　　数 / 180千字
印　　张 / 8.875
书　　号 / ISBN 978-7-5426-7742-6/X·3
定　　价 / 48.00元